くもんの小学ドリル

がんばり2年生
学しゅう記ろくひょう

名前

1	2	3	4	5	6	7	8
9	10	11	12	13	14	15	16
17	18	19	20	21	22	23	24
25	26	27	28	29	30	31	32
33	34	35	36	37	38	39	40
41	42	43	44	45	46		

あなたは
「くもんの小学ドリル 算数 2年生ひき算」を、
さいごまで やりとげました。
すばらしいです！
これからも がんばってください。

1さつ ぜんぶ おわったら、
ここに 大きな シールを
はりましょう。

JN050746

1 ひく1～ひく3

むずかしさ ★★★

月　日　名まえ　はじめ　じ　ふん　おわり　じ　ふん

1 ひきざんを　しましょう。　〔1もん　2てん〕

① 3 − 1 =

② 5 − 1 =

③ 4 − 1 =

④ 6 − 1 =

⑤ 8 − 1 =

⑥ 9 − 1 =

⑦ 7 − 1 =

⑧ 10 − 1 =

⑨ 4 − 2 =

⑩ 7 − 2 =

⑪ 5 − 2 =

⑫ 6 − 2 =

⑬ 8 − 2 =

⑭ 10 − 2 =

⑮ 11 − 2 =

⑯ 9 − 2 =

⑰ 5 − 3 =

⑱ 4 − 3 =

⑲ 3 − 3 =

⑳ 6 − 3 =

㉑ 8 − 3 =

㉒ 7 − 3 =

㉓ 9 − 3 =

㉔ 10 − 3 =

㉕ 11 − 3 =

©くもん出版

1から　3までの　かずを　ひく　ひきざんを　おもいだそう。

2 ひきざんを　しましょう。

〔1もん　2てん〕

1. 7 − 1 =
2. 6 − 3 =
3. 5 − 2 =
4. 9 − 1 =
5. 8 − 2 =
6. 3 − 3 =
7. 4 − 2 =
8. 8 − 1 =
9. 11 − 3 =
10. 4 − 1 =
11. 10 − 2 =
12. 8 − 3 =
13. 6 − 2 =
14. 6 − 1 =
15. 9 − 3 =
16. 11 − 2 =
17. 5 − 1 =
18. 7 − 3 =
19. 3 − 1 =
20. 7 − 2 =
21. 10 − 3 =
22. 3 − 2 =
23. 10 − 1 =
24. 9 − 2 =
25. 12 − 3 =

1から　3までの　かずを　ひく　ひきざんを
おもいだそう。

てん

月　日	名まえ	はじめ　じ　ふん	おわり　じ　ふん

1 ひきざんを　しましょう。〔1もん　2てん〕

1. $7-4=$
2. $8-4=$
3. $9-4=$
4. $13-4=$
5. $12-4=$
6. $11-4=$
7. $10-4=$
8. $6-4=$
9. $5-4=$
10. $4-4=$
11. $9-4=$
12. $11-4=$
13. $13-4=$
14. $9-5=$
15. $8-5=$
16. $7-5=$
17. $14-5=$
18. $13-5=$
19. $12-5=$
20. $11-5=$
21. $10-5=$
22. $5-5=$
23. $6-5=$
24. $11-5=$
25. $14-5=$

©くもん出版

4と　5を　ひく　ひきざんを　おもいだそう。

2 ひきざんを　しましょう。　〔1もん　2てん〕

❶ 7－5＝

❷ 8－4＝

❸ 10－5＝

❹ 9－4＝

❺ 11－5＝

❻ 13－4＝

❼ 12－5＝

❽ 4－4＝

❾ 14－5＝

❿ 6－4＝

⓫ 10－5＝

⓬ 9－4＝

⓭ 13－5＝

⓮ 11－4＝

⓯ 5－5＝

⓰ 6－4＝

⓱ 8－5＝

⓲ 12－4＝

⓳ 13－5＝

⓴ 10－4＝

㉑ 6－5＝

㉒ 7－4＝

㉓ 12－5＝

㉔ 8－4＝

㉕ 9－5＝

4と　5を　ひく　ひきざんを　おもいだそう。

てん

3 14までから

むずかしさ ★☆☆

月　日	名まえ	はじめ　じ　ふん	おわり　じ　ふん

1 けいさんを　しましょう。　〔1もん　2てん〕

① $9-3=$

② $9-6=$

③ $9-4=$

④ $9-5=$

⑤ $10-4=$

⑥ $10-6=$

⑦ $10-7=$

⑧ $10-3=$

⑨ $10-0=$

⑩ $11-4=$

⑪ $11-7=$

⑫ $11-2=$

⑬ $11-9=$

⑭ $12-9=$

⑮ $12-3=$

⑯ $12-4=$

⑰ $12-2=$

⑱ $13-2=$

⑲ $13-5=$

⑳ $13-7=$

㉑ $13-8=$

㉒ $14-7=$

㉓ $14-3=$

㉔ $14-4=$

㉕ $14-9=$

14までの　かずから，いろいろな　かずを　ひく
ひきざんを　おもいだそう。

2 けいさんを　しましょう。

〔1もん　2てん〕

① $10-8=$

② $12-3=$

③ $11-6=$

④ $14-2=$

⑤ $13-9=$

⑥ $11-7=$

⑦ $9-6=$

⑧ $12-1=$

⑨ $14-5=$

⑩ $13-8=$

⑪ $11-6=$

⑫ $14-7=$

⑬ $10-9=$

⑭ $9-8=$

⑮ $11-5=$

⑯ $13-7=$

⑰ $14-6=$

⑱ $9-0=$

⑲ $10-8=$

⑳ $12-9=$

㉑ $14-8=$

㉒ $13-2=$

㉓ $12-8=$

㉔ $10-7=$

㉕ $13-5=$

14までの　かずから，いろいろな　かずを
ひく　ひきざんを　おもいだそう。

てん

4　19までから

むずかしさ ★☆☆

月　日	名まえ	はじめ　じ　ふん	おわり　じ　ふん

1　けいさんを　しましょう。　〔1もん　2てん〕

① 10－2＝

② 11－8＝

③ 12－3＝

④ 13－8＝

⑤ 14－7＝

⑥ 15－5＝

⑦ 15－8＝

⑧ 15－2＝

⑨ 15－7＝

⑩ 16－4＝

⑪ 16－5＝

⑫ 16－9＝

⑬ 16－7＝

⑭ 17－6＝

⑮ 17－8＝

⑯ 17－3＝

⑰ 17－9＝

⑱ 18－8＝

⑲ 18－7＝

⑳ 18－3＝

㉑ 18－6＝

㉒ 19－4＝

㉓ 19－9＝

㉔ 19－8＝

㉕ 19－5＝

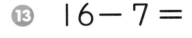

19までの　かずから，いろいろな　かずを　ひく
ひきざんを　おもいだそう。

2 けいさんを　しましょう。 〔1もん　2てん〕

❶ 17－7＝

❷ 18－6＝

❸ 15－9＝

❹ 16－7＝

❺ 18－5＝

❻ 15－9＝

❼ 19－1＝

❽ 16－9＝

❾ 15－8＝

❿ 19－4＝

⓫ 16－8＝

⓬ 18－6＝

⓭ 17－8＝

⓮ 15－5＝

⓯ 17－9＝

⓰ 19－7＝

⓱ 16－4＝

⓲ 17－2＝

⓳ 19－8＝

⓴ 18－3＝

㉑ 19－6＝

㉒ 16－3＝

㉓ 18－7＝

㉔ 15－6＝

㉕ 17－5＝

19までの　かずから，いろいろな　かずを
ひく　ひきざんを　おもいだそう。

てん

5 大きな　かずの　ひきざん(1)

むずかしさ ★★★

月　日	名まえ	はじめ　じ　ふん	おわり　じ　ふん

1 けいさんを　しましょう。

〔1もん　2てん〕

1. 15－2＝
2. 25－2＝
3. 24－3＝
4. 37－3＝
5. 26－4＝
6. 39－4＝
7. 36－5＝
8. 49－5＝
9. 29－6＝
10. 49－6＝
11. 37－7＝
12. 48－7＝
13. 59－7＝
14. 30－10＝
15. 40－10＝
16. 40－20＝
17. 70－20＝
18. 50－30＝
19. 80－40＝
20. 90－50＝
21. 100－50＝
22. 90－60＝
23. 90－70＝
24. 100－80＝
25. 100－90＝

大きな　かずの　ひきざんを　おもいだそう。

2 けいさんを しましょう。 〔1もん 2てん〕

① 24 － 2 ＝

② 25 － 3 ＝

③ 80 －10＝

④ 27 － 6 ＝

⑤ 60 －30＝

⑥ 90 －50＝

⑦ 35 － 1 ＝

⑧ 80 －60＝

⑨ 37 － 3 ＝

⑩ 39 － 7 ＝

⑪ 100－20＝

⑫ 90 －70＝

⑬ 45 － 4 ＝

⑭ 70 －20＝

⑮ 48 － 3 ＝

⑯ 100－80＝

⑰ 49 － 8 ＝

⑱ 70 －30＝

⑲ 47 － 5 ＝

⑳ 56 － 3 ＝

㉑ 50 －40＝

㉒ 100－40＝

㉓ 89 － 6 ＝

㉔ 70 －50＝

㉕ 98 － 7 ＝

大きな かずの ひきざんを おもいだそう。

てん

10

6 チェックテスト

月　日　名まえ　はじめ　じ　ふん　おわり　じ　ふん

1 つぎの　けいさんを　しましょう。　〔1もん　2てん〕

① 9 − 3 =
② 7 − 1 =
③ 6 − 2 =
④ 10 − 3 =
⑤ 11 − 2 =
⑥ 10 − 1 =
⑦ 11 − 3 =
⑧ 9 − 1 =
⑨ 8 − 2 =
⑩ 12 − 3 =

2 つぎの　けいさんを　しましょう。　〔1もん　2てん〕

① 9 − 4 =
② 13 − 5 =
③ 12 − 4 =
④ 5 − 5 =
⑤ 7 − 4 =
⑥ 10 − 5 =
⑦ 6 − 4 =
⑧ 8 − 5 =
⑨ 11 − 4 =
⑩ 14 − 5 =

3 つぎの けいさんを しましょう。　　〔1もん　2てん〕

❶ 12 − 7 =　　　　　❻ 11 − 8 =

❷ 13 − 3 =　　　　　❼ 12 − 1 =

❸ 10 − 6 =　　　　　❽ 13 − 6 =

❹ 14 − 2 =　　　　　❾ 12 − 9 =

❺ 11 − 7 =　　　　　❿ 14 − 8 =

4 つぎの けいさんを しましょう。　　〔1もん　2てん〕

❶ 17 − 4 =　　　　　❻ 16 − 1 =

❷ 19 − 7 =　　　　　❼ 19 − 5 =

❸ 19 − 2 =　　　　　❽ 18 − 8 =

❹ 18 − 9 =　　　　　❾ 17 − 9 =

❺ 17 − 6 =　　　　　❿ 18 − 3 =

5 つぎの けいさんを しましょう。　　〔1もん　2てん〕

❶ 54 − 2 =　　　　　❻ 90 − 60 =

❷ 80 − 30 =　　　　　❼ 87 − 2 =

❸ 68 − 5 =　　　　　❽ 100 − 40 =

❹ 47 − 4 =　　　　　❾ 76 − 3 =

❺ 70 − 40 =　　　　　❿ 95 − 5 =

てんすうを つけてから，94ページの
アドバイス を よもう。

12

てん

7 20までから（1）

むずかしさ ★★☆

月　日　名まえ　はじめ　じ　ふん　おわり　じ　ふん

1 けいさんを　しましょう。　〔1もん　2てん〕

① 10－1＝
② 11－1＝
③ 12－1＝
④ 15－1＝
⑤ 16－1＝
⑥ 17－1＝
⑦ 11－2＝
⑧ 12－2＝
⑨ 13－2＝
⑩ 16－2＝
⑪ 17－2＝
⑫ 18－2＝
⑬ 19－2＝
⑭ 12－3＝
⑮ 13－3＝
⑯ 17－3＝
⑰ 18－3＝
⑱ 14－4＝
⑲ 15－4＝
⑳ 19－4＝
㉑ 20－4＝
㉒ 15－5＝
㉓ 16－5＝
㉔ 19－5＝
㉕ 20－5＝

©くもん出版

20までの　かずから，いろいろな　かずを　ひく
けいさんを　れんしゅうしよう。

2 けいさんを しましょう。

〔1もん 2てん〕

① $15 - 6 =$

② $16 - 6 =$

③ $17 - 6 =$

④ $19 - 6 =$

⑤ $20 - 6 =$

⑥ $16 - 7 =$

⑦ $17 - 7 =$

⑧ $18 - 7 =$

⑨ $20 - 7 =$

⑩ $17 - 8 =$

⑪ $18 - 8 =$

⑫ $19 - 8 =$

⑬ $20 - 8 =$

⑭ $18 - 9 =$

⑮ $19 - 9 =$

⑯ $20 - 9 =$

⑰ $11 - 10 =$

⑱ $12 - 10 =$

⑲ $16 - 10 =$

⑳ $17 - 10 =$

㉑ $18 - 10 =$

㉒ $12 - 11 =$

㉓ $13 - 11 =$

㉔ $18 - 11 =$

㉕ $19 - 11 =$

20までの かずから, いろいろな かずを
ひく ひきざんを おもいだそう。

てん

8 20までから(2)

むずかしさ ★★☆

月 日	名まえ	はじめ じ ふん	おわり じ ふん

1 けいさんを しましょう。 〔1もん 2てん〕

① 13－11＝

② 14－11＝

③ 13－12＝

④ 14－12＝

⑤ 15－12＝

⑥ 18－12＝

⑦ 20－12＝

⑧ 14－13＝

⑨ 16－13＝

⑩ 18－13＝

⑪ 15－14＝

⑫ 16－14＝

⑬ 19－14＝

⑭ 16－15＝

⑮ 17－15＝

⑯ 18－15＝

⑰ 20－15＝

⑱ 17－16＝

⑲ 18－16＝

⑳ 19－16＝

㉑ 20－16＝

㉒ 18－17＝

㉓ 19－17＝

㉔ 19－18＝

㉕ 20－18＝

20までの かずから，いろいろな かずを ひく けいさんを れんしゅうしよう。

2 けいさんを しましょう。 〔1もん 2てん〕

① 18－1＝

② 19－1＝

③ 20－1＝

④ 20－2＝

⑤ 20－3＝

⑥ 20－6＝

⑦ 20－7＝

⑧ 20－9＝

⑨ 20－10＝

⑩ 20－11＝

⑪ 20－14＝

⑫ 20－16＝

⑬ 20－18＝

⑭ 18－11＝

⑮ 18－9＝

⑯ 19－9＝

⑰ 19－10＝

⑱ 19－12＝

⑲ 19－16＝

⑳ 20－16＝

㉑ 20－12＝

㉒ 20－8＝

㉓ 20－5＝

㉔ 20－15＝

㉕ 20－19＝

16 まちがえた もんだいは, もう 一ど やりなおして みよう。

てん

9 2けたの　かずの　ひきざん(1)

むずかしさ ★★☆

月　日	名まえ	はじめ　じ　ふん	おわり　じ　ふん

1 けいさんを　しましょう。　〔1もん　2てん〕

たてに　かいた
けいさんを
ひっさんと
いうんだよ。

① $9-4=\square$

④ $\begin{array}{r} 9 \\ -\ 4 \\ \hline \square \end{array}$

② $10-3=\square$

⑤ $\begin{array}{r} 10 \\ -\ 3 \\ \hline \square \end{array}$

③ $10-5=\square$

⑥ $\begin{array}{r} 10 \\ -\ 5 \\ \hline \square \end{array}$

⑦ $10-7=\square$

⑨ $\begin{array}{r} 10 \\ -\ 7 \\ \hline \square \end{array}$

⑧ $10-9=\square$

⑩ $\begin{array}{r} 10 \\ -\ 9 \\ \hline \square \end{array}$

2 けいさんを　しましょう。　〔1もん　2てん〕

① $\begin{array}{r} 10 \\ -\ 4 \\ \hline \end{array}$

② $\begin{array}{r} 10 \\ -\ 6 \\ \hline \end{array}$

③ $\begin{array}{r} 10 \\ -\ 8 \\ \hline \end{array}$

④ $\begin{array}{r} 11 \\ -\ 3 \\ \hline \end{array}$

⑤ $\begin{array}{r} 11 \\ -\ 5 \\ \hline \end{array}$

⑥ $\begin{array}{r} 11 \\ -\ 4 \\ \hline \end{array}$

⑦ $\begin{array}{r} 11 \\ -\ 6 \\ \hline \end{array}$

⑧ $\begin{array}{r} 11 \\ -\ 8 \\ \hline \end{array}$

⑨ $\begin{array}{r} 11 \\ -\ 7 \\ \hline \end{array}$

⑩ $\begin{array}{r} 11 \\ -\ 9 \\ \hline \end{array}$

ひきざんを　ひっさんで　れんしゅうしよう。

3 けいさんを しましょう。

〔1もん 3てん〕

①
```
  1 2
－   1
```
☐☐

⑥
```
  1 2
－   6
```

⑪
```
  1 3
－   1
```
☐☐

⑯
```
  1 3
－   6
```

②
```
  1 2
－   2
```

⑦
```
  1 2
－   7
```

⑫
```
  1 3
－   2
```

⑰
```
  1 3
－   7
```

③
```
  1 2
－   3
```
☐

⑧
```
  1 2
－   9
```

⑬
```
  1 3
－   3
```

⑱
```
  1 3
－   9
```

④
```
  1 2
－   5
```

⑨
```
  1 2
－   8
```

⑭
```
  1 3
－   5
```

⑲
```
  1 3
－   8
```

⑤
```
  1 2
－   4
```

⑩
```
  1 2
－ 1 0
```

⑮
```
  1 3
－   4
```

⑳
```
  1 3
－ 1 0
```

まちがえた もんだいは, もう 一ど
やりなおして みよう。

☐ てん

10 2けたの かずの ひきざん(2)

むずかしさ ★★☆

月 日	名まえ	はじめ じ ふん	おわり じ ふん

1 けいさんを しましょう。

〔1もん 2てん〕

❶ 14 − 1

❷ 14 − 3

❸ 14 − 5

❹ 14 − 2

❺ 14 − 4

❻ 14 − 6

❼ 14 − 7

❽ 14 − 9

❾ 14 − 8

❿ 14 − 10

⓫ 15 − 1

⓬ 15 − 3

⓭ 15 − 5

⓮ 15 − 2

⓯ 15 − 4

⓰ 15 − 6

⓱ 15 − 7

⓲ 15 − 9

⓳ 15 − 8

⓴ 15 − 10

ひきざんを ひっさんで れんしゅうしよう。

2 けいさんを　しましょう。

〔1もん　3てん〕

❶ $16 - 1$

❷ $16 - 3$

❸ $16 - 5$

❹ $16 - 7$

❺ $16 - 9$

❻ $17 - 2$

❼ $17 - 4$

❽ $17 - 6$

❾ $17 - 8$

❿ $17 - 10$

⓫ $18 - 1$

⓬ $18 - 3$

⓭ $18 - 5$

⓮ $18 - 7$

⓯ $18 - 9$

⓰ $19 - 2$

⓱ $19 - 4$

⓲ $19 - 6$

⓳ $19 - 8$

⓴ $19 - 10$

まちがえた　もんだいは，もう　一(いち)ど
やりなおして　みよう。

てん

2けたの　かずの　ひきざん（3）

むずかしさ
★ ★ ★

| 月　日 | 名まえ | はじめ　じ　ふん | おわり　じ　ふん |

1　けいさんを　しましょう。

〔1もん　2てん〕

❶
```
  2 0
－   1
```

❻
```
  2 0
－   6
```

⓫
```
  1 1
－   3
```

⓰
```
  2 1
－   3
```

❷
```
  2 0
－   3
```

❼
```
  2 0
－   7
```

⓬
```
  1 1
－   5
```

⓱
```
  2 1
－   5
```

❸
```
  2 0
－   5
```

❽
```
  2 0
－   9
```

⓭
```
  1 1
－   7
```

⓲
```
  2 1
－   7
```

❹
```
  2 0
－   2
```

❾
```
  2 0
－   8
```

⓮
```
  1 1
－   9
```

⓳
```
  2 1
－   9
```

❺
```
  2 0
－   4
```

❿
```
  2 0
－ 1 0
```

⓯
```
  1 1
－   6
```

⓴
```
  2 1
－   6
```

©くもん出版

ひきざんを　ひっさんで　れんしゅうしよう。

2 けいさんを　しましょう。　〔1もん　3てん〕

❶ $22 - 4$

❷ $22 - 7$

❸ $22 - 9$

❹ $22 - 6$

❺ $22 - 8$

❻ $32 - 4$

❼ $32 - 7$

❽ $32 - 9$

❾ $32 - 6$

❿ $32 - 8$

⓫ $23 - 4$

⓬ $23 - 7$

⓭ $23 - 9$

⓮ $23 - 6$

⓯ $23 - 8$

⓰ $34 - 4$

⓱ $34 - 7$

⓲ $34 - 9$

⓳ $34 - 6$

⓴ $34 - 8$

まちがえた　もんだいは，もう　一(いち)ど
やりなおして　みよう。

てん

12 2けたの　かずの　ひきざん(4)

むずかしさ ★★☆

月　日	名まえ	はじめ　じ　ふん	おわり　じ　ふん

1 けいさんを　しましょう。　〔1もん　2てん〕

❶ 12 − 6	❻ 22 − 6	⓫ 23 − 6	⓰ 33 − 6
❷ 12 − 8	❼ 22 − 8	⓬ 23 − 8	⓱ 33 − 8
❸ 12 − 5	❽ 22 − 5	⓭ 23 − 5	⓲ 33 − 5
❹ 12 − 7	❾ 22 − 7	⓮ 23 − 7	⓳ 33 − 7
❺ 12 − 9	❿ 22 − 9	⓯ 23 − 9	⓴ 33 − 9

ひかれる　かずの　ちがいに　気(き)を　つけよう。

2 けいさんを　しましょう。

〔1もん　3てん〕

1. $\begin{array}{r} 21 \\ -\ \ 3 \\ \hline \end{array}$
2. $\begin{array}{r} 21 \\ -\ \ 2 \\ \hline \end{array}$
3. $\begin{array}{r} 21 \\ -\ \ 4 \\ \hline \end{array}$
4. $\begin{array}{r} 21 \\ -\ \ 6 \\ \hline \end{array}$
5. $\begin{array}{r} 21 \\ -\ \ 9 \\ \hline \end{array}$
6. $\begin{array}{r} 32 \\ -\ \ 4 \\ \hline \end{array}$
7. $\begin{array}{r} 32 \\ -\ \ 3 \\ \hline \end{array}$
8. $\begin{array}{r} 32 \\ -\ \ 5 \\ \hline \end{array}$
9. $\begin{array}{r} 32 \\ -\ \ 7 \\ \hline \end{array}$
10. $\begin{array}{r} 32 \\ -\ \ 9 \\ \hline \end{array}$
11. $\begin{array}{r} 30 \\ -\ \ 2 \\ \hline \end{array}$
12. $\begin{array}{r} 30 \\ -\ \ 4 \\ \hline \end{array}$
13. $\begin{array}{r} 30 \\ -\ \ 3 \\ \hline \end{array}$
14. $\begin{array}{r} 30 \\ -\ \ 5 \\ \hline \end{array}$
15. $\begin{array}{r} 30 \\ -\ \ 7 \\ \hline \end{array}$
16. $\begin{array}{r} 40 \\ -\ \ 6 \\ \hline \end{array}$
17. $\begin{array}{r} 40 \\ -\ \ 8 \\ \hline \end{array}$
18. $\begin{array}{r} 40 \\ -\ \ 5 \\ \hline \end{array}$
19. $\begin{array}{r} 40 \\ -\ \ 7 \\ \hline \end{array}$
20. $\begin{array}{r} 40 \\ -\ \ 9 \\ \hline \end{array}$

まちがえた　もんだいは，もう　一(いち)ど
やりなおして　みよう。

てん

13 2けたの　かずの　ひきざん(5)

むずかしさ ★★☆

月　　日　名まえ　はじめ　じ　ふん　おわり　じ　ふん

1 けいさんを　しましょう。　〔1もん　2てん〕

❶ $23 - 3$	❻ $33 - 3$	⓫ $34 - 3$	⓰ $44 - 4$
❷ $23 - 6$	❼ $33 - 6$	⓬ $34 - 8$	⓱ $44 - 6$
❸ $23 - 9$	❽ $33 - 9$	⓭ $34 - 7$	⓲ $44 - 9$
❹ $23 - 5$	❾ $33 - 5$	⓮ $34 - 5$	⓳ $44 - 8$
❺ $23 - 8$	❿ $33 - 8$	⓯ $34 - 10$	⓴ $44 - 10$

ひかれる　かずの　ちがいに　気(き)を　つけよう。

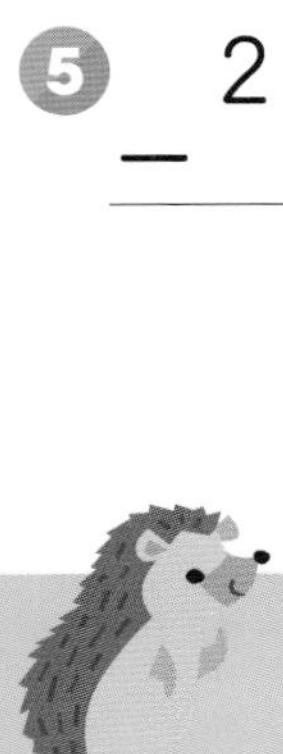

2 けいさんを　しましょう。

〔1もん　3てん〕

❶ $45 - 3$	❻ $56 - 5$	⓫ $23 - 3$	⓰ $44 - 3$
❷ $45 - 6$	❼ $56 - 2$	⓬ $23 - 6$	⓱ $44 - 7$
❸ $45 - 9$	❽ $56 - 7$	⓭ $33 - 7$	⓲ $54 - 9$
❹ $45 - 4$	❾ $56 - 9$	⓮ $33 - 4$	⓳ $54 - 6$
❺ $45 - 7$	❿ $56 - 10$	⓯ $43 - 8$	⓴ $64 - 8$

まちがえた　もんだいは，もう　一(いち)ど
やりなおして　みよう。

てん

14 2けたの　かずの　ひきざん(6)

むずかしさ ★★☆

月　日　名まえ　はじめ　じ　ふん　おわり　じ　ふん

1 けいさんを　しましょう。

〔1もん　2てん〕

① 31 − 4	⑥ 31 − 14	⑪ 42 − 7	⑯ 42 − 17
② 41 − 4	⑦ 41 − 14	⑫ 52 − 7	⑰ 52 − 17
③ 51 − 4	⑧ 51 − 14	⑬ 62 − 7	⑱ 62 − 17
④ 61 − 4	⑨ 61 − 14	⑭ 72 − 7	⑲ 72 − 17
⑤ 71 − 4	⑩ 71 − 14	⑮ 82 − 7	⑳ 82 − 17

右(みぎ)と　左(ひだり)の　ひきざんを
それぞれ　くらべて
みよう。

こたえを　かきおわったら，見(み)なおしを　しよう。
まちがいが　なくなるよ。

2 けいさんを しましょう。 〔1もん 3てん〕

1. $32 - 5$
2. $32 - 7$
3. $32 - 9$
4. $32 - 6$
5. $32 - 8$
6. $32 - 15$
7. $32 - 17$
8. $32 - 19$
9. $32 - 16$
10. $32 - 18$
11. $41 - 4$
12. $41 - 6$
13. $41 - 8$
14. $41 - 7$
15. $41 - 9$
16. $41 - 14$
17. $41 - 16$
18. $41 - 18$
19. $41 - 17$
20. $41 - 19$

まちがえた もんだいは，もう 一(いち)ど
やりなおして みよう。

てん

15 2けたの かずの ひきざん(7)

むずかしさ ★ ★ ☆

| 月 日 | 名まえ | はじめ じ ふん | おわり じ ふん |

1 けいさんを しましょう。

〔1もん 2てん〕

❶
```
  4 3
-   5
```

❻
```
  4 3
- 1 5
```

⓫
```
  5 0
-   4
```

⓰
```
  5 0
- 1 4
```

❷
```
  4 3
-   7
```

❼
```
  4 3
- 1 7
```

⓬
```
  5 0
-   6
```

⓱
```
  5 0
- 1 6
```

❸
```
  4 3
-   9
```

❽
```
  4 3
- 1 9
```

⓭
```
  5 0
-   8
```

⓲
```
  5 0
- 1 8
```

❹
```
  4 3
-   6
```

❾
```
  4 3
- 1 6
```

⓮
```
  5 0
-   7
```

⓳
```
  5 0
- 1 7
```

❺
```
  4 3
-   8
```

❿
```
  4 3
- 1 8
```

⓯
```
  5 0
-   9
```

⓴
```
  5 0
- 1 9
```

©くもん出版

こたえを かきおわったら, 見なおしを しよう。
まちがいが なくなるよ。

2 けいさんを しましょう。

〔1もん 3てん〕

①
```
  2 3
−   4
─────
```

⑥
```
  5 3
− 1 4
─────
```

⑪
```
  3 4
−   4
─────
```

⑯
```
  5 4
− 1 4
─────
```

②
```
  2 3
−   7
─────
```

⑦
```
  5 3
− 1 7
─────
```

⑫
```
  3 4
−   7
─────
```

⑰
```
  5 4
− 1 7
─────
```

③
```
  2 3
−   9
─────
```

⑧
```
  5 3
− 1 9
─────
```

⑬
```
  3 4
−   9
─────
```

⑱
```
  5 4
− 1 9
─────
```

④
```
  2 3
−   5
─────
```

⑨
```
  5 3
− 1 5
─────
```

⑭
```
  3 4
−   5
─────
```

⑲
```
  5 4
− 1 5
─────
```

⑤
```
  2 3
−   8
─────
```

⑩
```
  5 3
− 1 8
─────
```

⑮
```
  3 4
−   8
─────
```

⑳
```
  5 4
− 1 8
─────
```

まちがえた もんだいは，もう 一ど
やりなおして みよう。

てん

16 2けたの　かずの　ひきざん(8)

むずかしさ ★★☆

月　日　名まえ　はじめ　じ　ふん　おわり　じ　ふん

1 けいさんを　しましょう。　〔1もん　2てん〕

① $62 - 13$

② $62 - 15$

③ $62 - 17$

④ $62 - 16$

⑤ $62 - 18$

⑥ $62 - 23$

⑦ $62 - 25$

⑧ $62 - 27$

⑨ $62 - 26$

⑩ $62 - 28$

⑪ $74 - 13$

⑫ $74 - 15$

⑬ $74 - 17$

⑭ $74 - 16$

⑮ $74 - 18$

⑯ $74 - 23$

⑰ $74 - 25$

⑱ $74 - 27$

⑲ $74 - 36$

⑳ $74 - 38$

こたえを　かきおわったら，見(み)なおしを　しよう。
まちがいが　なくなるよ。

2 けいさんを　しましょう。

〔1もん　3てん〕

1. $54 - 6$
2. $54 - 8$
3. $54 - 5$
4. $54 - 7$
5. $54 - 9$
6. $54 - 16$
7. $54 - 18$
8. $54 - 15$
9. $54 - 17$
10. $54 - 19$
11. $45 - 16$
12. $45 - 18$
13. $45 - 15$
14. $45 - 17$
15. $45 - 19$
16. $65 - 26$
17. $65 - 28$
18. $65 - 25$
19. $65 - 27$
20. $65 - 29$

©くもん出版

まちがえた　もんだいは，もう　一(いち)ど
やりなおして　みよう。

てん

32

17 2けたの かずの ひきざん(9)

むずかしさ ★ ★ ☆

| 月 日 | 名まえ | はじめ じ ふん おわり じ ふん |

1 けいさんを しましょう。

〔1もん 2てん〕

①
$$52 - 13$$

②
$$52 - 16$$

③
$$52 - 19$$

④
$$52 - 17$$

⑤
$$52 - 18$$

⑥
$$62 - 13$$

⑦
$$62 - 16$$

⑧
$$62 - 29$$

⑨
$$62 - 27$$

⑩
$$62 - 28$$

⑪
$$63 - 13$$

⑫
$$63 - 16$$

⑬
$$63 - 19$$

⑭
$$63 - 17$$

⑮
$$63 - 18$$

⑯
$$73 - 13$$

⑰
$$73 - 16$$

⑱
$$73 - 29$$

⑲
$$73 - 27$$

⑳
$$73 - 28$$

©くもん出版

2けたの かずを ひく ひきざんを れんしゅうしよう。

2 けいさんを　しましょう。　〔1もん　3てん〕

① $61 - 22$

② $61 - 24$

③ $61 - 26$

④ $61 - 28$

⑤ $61 - 29$

⑥ $71 - 22$

⑦ $71 - 24$

⑧ $71 - 36$

⑨ $71 - 38$

⑩ $71 - 39$

⑪ $74 - 22$

⑫ $74 - 29$

⑬ $74 - 26$

⑭ $74 - 28$

⑮ $74 - 27$

⑯ $84 - 22$

⑰ $84 - 29$

⑱ $84 - 36$

⑲ $84 - 38$

⑳ $84 - 37$

まちがえた　もんだいは，もう　一(いち)ど
やりなおして　みよう。

てん

18 2けたの　かずの　ひきざん(10)

むずかしさ ★★☆

月　　日　名まえ　はじめ　じ　ふん　おわり　じ　ふん

1 けいさんを　しましょう。　〔1もん　2てん〕

① $41 - 11$

② $41 - 12$

③ $41 - 23$

④ $41 - 25$

⑤ $41 - 27$

⑥ $61 - 21$

⑦ $61 - 22$

⑧ $61 - 33$

⑨ $61 - 35$

⑩ $61 - 37$

⑪ $53 - 16$

⑫ $53 - 18$

⑬ $53 - 29$

⑭ $53 - 25$

⑮ $53 - 27$

⑯ $73 - 26$

⑰ $73 - 28$

⑱ $73 - 39$

⑲ $73 - 35$

⑳ $73 - 37$

2けたの　かずを　ひく　ひきざんを　れんしゅうしよう。

2 けいさんを　しましょう。

〔1もん　3てん〕

❶ $\begin{array}{r} 33 \\ -15 \\ \hline \end{array}$	❻ $\begin{array}{r} 53 \\ -23 \\ \hline \end{array}$	⓫ $\begin{array}{r} 45 \\ -11 \\ \hline \end{array}$	⓰ $\begin{array}{r} 85 \\ -35 \\ \hline \end{array}$
❷ $\begin{array}{r} 33 \\ -17 \\ \hline \end{array}$	❼ $\begin{array}{r} 53 \\ -25 \\ \hline \end{array}$	⓬ $\begin{array}{r} 45 \\ -13 \\ \hline \end{array}$	⓱ $\begin{array}{r} 85 \\ -37 \\ \hline \end{array}$
❸ $\begin{array}{r} 33 \\ -19 \\ \hline \end{array}$	❽ $\begin{array}{r} 53 \\ -27 \\ \hline \end{array}$	⓭ $\begin{array}{r} 45 \\ -15 \\ \hline \end{array}$	⓲ $\begin{array}{r} 85 \\ -49 \\ \hline \end{array}$
❹ $\begin{array}{r} 33 \\ -16 \\ \hline \end{array}$	❾ $\begin{array}{r} 53 \\ -29 \\ \hline \end{array}$	⓮ $\begin{array}{r} 45 \\ -17 \\ \hline \end{array}$	⓳ $\begin{array}{r} 85 \\ -46 \\ \hline \end{array}$
❺ $\begin{array}{r} 33 \\ -18 \\ \hline \end{array}$	❿ $\begin{array}{r} 53 \\ -28 \\ \hline \end{array}$	⓯ $\begin{array}{r} 45 \\ -19 \\ \hline \end{array}$	⓴ $\begin{array}{r} 85 \\ -48 \\ \hline \end{array}$

まちがえた　もんだいは，もう　一(いち)ど
やりなおして　みよう。

てん

19 2けたの　かずの　ひきざん(11)

むずかしさ ★★☆

月　日　名まえ　はじめ　じ　ふん　おわり　じ　ふん

1 けいさんを　しましょう。

〔1もん　2てん〕

❶ $\begin{array}{r} 43 \\ -13 \\ \hline \end{array}$

❷ $\begin{array}{r} 43 \\ -18 \\ \hline \end{array}$

❸ $\begin{array}{r} 43 \\ -15 \\ \hline \end{array}$

❹ $\begin{array}{r} 43 \\ -29 \\ \hline \end{array}$

❺ $\begin{array}{r} 43 \\ -27 \\ \hline \end{array}$

❻ $\begin{array}{r} 53 \\ -26 \\ \hline \end{array}$

❼ $\begin{array}{r} 53 \\ -28 \\ \hline \end{array}$

❽ $\begin{array}{r} 53 \\ -29 \\ \hline \end{array}$

❾ $\begin{array}{r} 53 \\ -39 \\ \hline \end{array}$

❿ $\begin{array}{r} 53 \\ -49 \\ \hline \end{array}$ □

⓫ $\begin{array}{r} 54 \\ -17 \\ \hline \end{array}$

⓬ $\begin{array}{r} 54 \\ -25 \\ \hline \end{array}$

⓭ $\begin{array}{r} 54 \\ -23 \\ \hline \end{array}$

⓮ $\begin{array}{r} 54 \\ -29 \\ \hline \end{array}$

⓯ $\begin{array}{r} 54 \\ -37 \\ \hline \end{array}$

⓰ $\begin{array}{r} 75 \\ -46 \\ \hline \end{array}$

⓱ $\begin{array}{r} 75 \\ -48 \\ \hline \end{array}$

⓲ $\begin{array}{r} 75 \\ -57 \\ \hline \end{array}$

⓳ $\begin{array}{r} 75 \\ -65 \\ \hline \end{array}$

⓴ $\begin{array}{r} 75 \\ -75 \\ \hline \end{array}$ □

2けたの　かずを　ひく　ひきざんを　れんしゅうしよう。

2 けいさんを　しましょう。

〔1もん　3てん〕

❶ $\begin{array}{r} 62 \\ -10 \\ \hline \end{array}$

❷ $\begin{array}{r} 62 \\ -22 \\ \hline \end{array}$

❸ $\begin{array}{r} 62 \\ -26 \\ \hline \end{array}$

❹ $\begin{array}{r} 62 \\ -25 \\ \hline \end{array}$

❺ $\begin{array}{r} 62 \\ -23 \\ \hline \end{array}$

❻ $\begin{array}{r} 72 \\ -23 \\ \hline \end{array}$

❼ $\begin{array}{r} 72 \\ -36 \\ \hline \end{array}$

❽ $\begin{array}{r} 72 \\ -45 \\ \hline \end{array}$

❾ $\begin{array}{r} 72 \\ -57 \\ \hline \end{array}$

❿ $\begin{array}{r} 72 \\ -68 \\ \hline \end{array}$

⓫ $\begin{array}{r} 72 \\ -11 \\ \hline \end{array}$

⓬ $\begin{array}{r} 72 \\ -28 \\ \hline \end{array}$

⓭ $\begin{array}{r} 72 \\ -34 \\ \hline \end{array}$

⓮ $\begin{array}{r} 72 \\ -47 \\ \hline \end{array}$

⓯ $\begin{array}{r} 72 \\ -69 \\ \hline \end{array}$

⓰ $\begin{array}{r} 82 \\ -64 \\ \hline \end{array}$

⓱ $\begin{array}{r} 82 \\ -67 \\ \hline \end{array}$

⓲ $\begin{array}{r} 82 \\ -60 \\ \hline \end{array}$

⓳ $\begin{array}{r} 82 \\ -75 \\ \hline \end{array}$

⓴ $\begin{array}{r} 82 \\ -79 \\ \hline \end{array}$

まちがえた　もんだいは，もう　一(いち)ど
やりなおして　みよう。

てん

20 2けたの　かずの　ひきざん(12)

むずかしさ ★★☆

月　日　名まえ　はじめ　じ　ふん　おわり　じ　ふん

1 けいさんを　しましょう。 〔1もん　2てん〕

❶ 33 − 3	❻ 35 − 15	⓫ 42 − 14	⓰ 50 − 14
❷ 33 − 8	❼ 35 − 13	⓬ 42 − 25	⓱ 50 − 25
❸ 33 − 16	❽ 35 − 17	⓭ 42 − 33	⓲ 54 − 33
❹ 33 − 18	❾ 35 − 19	⓮ 44 − 29	⓳ 54 − 39
❺ 33 − 23	❿ 35 − 26	⓯ 44 − 37	⓴ 54 − 47

©くもん出版

2けたの　かずを　ひく　ひきざんを　れんしゅうしよう。

2 けいさんを　しましょう。　〔1もん　3てん〕

1. 65 − 24
2. 65 − 30
3. 65 − 35
4. 65 − 46
5. 65 − 58
6. 75 − 33
7. 75 − 35
8. 75 − 47
9. 75 − 48
10. 75 − 69
11. 83 − 19
12. 83 − 33
13. 83 − 55
14. 83 − 67
15. 83 − 78
16. 83 − 21
17. 83 − 24
18. 83 − 46
19. 83 − 74
20. 83 − 81

まちがえた　もんだいは，もう　一(いち)ど
やりなおして　みよう。

てん

21 2けたの　かずの　ひきざん(13)

むずかしさ ★★☆

月　　日　名まえ　　はじめ　じ　ふん　おわり　じ　ふん

1 けいさんを　しましょう。

〔1もん　2てん〕

① $56 - 26$	⑥ $64 - 13$	⑪ $84 - 35$	⑯ $85 - 72$
② $54 - 26$	⑦ $64 - 24$	⑫ $84 - 57$	⑰ $85 - 26$
③ $53 - 26$	⑧ $64 - 35$	⑬ $84 - 29$	⑱ $85 - 59$
④ $52 - 37$	⑨ $64 - 46$	⑭ $84 - 64$	⑲ $85 - 67$
⑤ $51 - 48$	⑩ $64 - 57$	⑮ $84 - 75$	⑳ $85 - 78$

2けたの　かずを　ひく　ひきざんを　れんしゅうしよう。

2 けいさんを　しましょう。

〔1もん　3てん〕

❶ $94 - 47$

❷ $94 - 45$

❸ $94 - 67$

❹ $94 - 68$

❺ $94 - 89$

❻ $63 - 10$

❼ $63 - 15$

❽ $63 - 46$

❾ $63 - 34$

❿ $72 - 33$

⓫ $72 - 51$

⓬ $72 - 57$

⓭ $72 - 64$

⓮ $84 - 26$

⓯ $84 - 44$

⓰ $84 - 45$

⓱ $84 - 67$

⓲ $91 - 21$

⓳ $91 - 47$

⓴ $91 - 58$

まちがえた　もんだいは，もう　一(いち)ど
やりなおして　みよう。

てん

22 2けたの　かずの　ひきざん(14)

むずかしさ ★★☆

月　　日　名まえ　はじめ　じ　ふん　おわり　じ　ふん

1 けいさんを　しましょう。　〔1もん　2てん〕

1. 43 − 17
2. 43 − 16
3. 43 − 26
4. 43 − 23
5. 43 − 36
6. 53 − 19
7. 53 − 27
8. 53 − 38
9. 53 − 35
10. 53 − 44
11. 62 − 10
12. 62 − 13
13. 62 − 19
14. 62 − 39
15. 62 − 38
16. 75 − 37
17. 75 − 48
18. 75 − 47
19. 75 − 44
20. 75 − 65

©くもん出版

2けたの　かずを　ひく　ひきざんを　れんしゅうしよう。

2 けいさんを しましょう。

〔1もん 3てん〕

❶ $51 - 10$

❷ $51 - 17$

❸ $51 - 20$

❹ $51 - 25$

❺ $51 - 48$

❻ $86 - 25$

❼ $86 - 15$

❽ $86 - 37$

❾ $86 - 36$

❿ $86 - 49$

⓫ $42 - 11$

⓬ $42 - 12$

⓭ $42 - 34$

⓮ $42 - 36$

⓯ $42 - 40$

⓰ $70 - 27$

⓱ $70 - 39$

⓲ $70 - 57$

⓳ $70 - 56$

⓴ $70 - 69$

まちがえた もんだいは，もう 一(いち)ど やりなおして みよう。

てん

23 2けたの　かずの　ひきざん(15)

むずかしさ ★★☆

月　日　名まえ　はじめ　じ　ふん　おわり　じ　ふん

1 けいさんを　しましょう。　〔1もん　2てん〕

① $35 - 8$

② $35 - 6$

③ $45 - 9$

④ $50 - 3$

⑤ $50 - 13$

⑥ $52 - 18$

⑦ $52 - 27$

⑧ $52 - 36$

⑨ $71 - 23$

⑩ $71 - 49$

⑪ $44 - 34$

⑫ $44 - 16$

⑬ $44 - 29$

⑭ $36 - 15$

⑮ $36 - 28$

⑯ $83 - 68$

⑰ $83 - 18$

⑱ $66 - 37$

⑲ $49 - 41$

⑳ $40 - 37$

こたえを　かきおわったら，見(み)なおしを　しよう。
まちがいが　なくなるよ。

2 けいさんを　しましょう。　〔1もん　3てん〕

❶ $\begin{array}{r} 65 \\ -\ \ 5 \\ \hline \end{array}$

❷ $\begin{array}{r} 65 \\ -27 \\ \hline \end{array}$

❸ $\begin{array}{r} 52 \\ -\ \ 6 \\ \hline \end{array}$

❹ $\begin{array}{r} 72 \\ -16 \\ \hline \end{array}$

❺ $\begin{array}{r} 40 \\ -35 \\ \hline \end{array}$

❻ $\begin{array}{r} 80 \\ -47 \\ \hline \end{array}$

❼ $\begin{array}{r} 62 \\ -44 \\ \hline \end{array}$

❽ $\begin{array}{r} 51 \\ -23 \\ \hline \end{array}$

❾ $\begin{array}{r} 75 \\ -18 \\ \hline \end{array}$

❿ $\begin{array}{r} 53 \\ -31 \\ \hline \end{array}$

⓫ $\begin{array}{r} 83 \\ -50 \\ \hline \end{array}$

⓬ $\begin{array}{r} 88 \\ -45 \\ \hline \end{array}$

⓭ $\begin{array}{r} 83 \\ -14 \\ \hline \end{array}$

⓮ $\begin{array}{r} 61 \\ -25 \\ \hline \end{array}$

⓯ $\begin{array}{r} 72 \\ -19 \\ \hline \end{array}$

⓰ $\begin{array}{r} 54 \\ -47 \\ \hline \end{array}$

⓱ 43－23＝

⓲ 60－38＝

⓳ 54－12＝

⓴ 75－66＝

©くもん出版

まちがえた　もんだいは，もう　一(いち)ど
やりなおして　みよう。

てん

24 3けたの　かずの　ひきざん(1)

むずかしさ ★★☆

月　日　名まえ　はじめ　じ　ふん　おわり　じ　ふん

1　けいさんを　しましょう。　〔1もん　2てん〕

1. 150 − 10 = □□□
2. 150 − 30
3. 150 − 50
4. 150 − 20
5. 150 − 40
6. 160 − 10
7. 160 − 30
8. 160 − 50
9. 160 − 20
10. 160 − 40
11. 170 − 10
12. 170 − 30
13. 170 − 50
14. 170 − 20
15. 170 − 40
16. 180 − 10
17. 180 − 30
18. 180 − 50
19. 180 − 20
20. 180 − 40

3けたの　かずから，2けたの　かずを　ひく　ひきざんを　れんしゅうしよう。

2 けいさんを　しましょう。　〔1もん　3てん〕

❶ $\begin{array}{r} 134 \\ -\ 12 \\ \hline \end{array}$

❷ $\begin{array}{r} 134 \\ -\ 24 \\ \hline \end{array}$

❸ $\begin{array}{r} 134 \\ -\ 21 \\ \hline \end{array}$

❹ $\begin{array}{r} 134 \\ -\ 10 \\ \hline \end{array}$

❺ $\begin{array}{r} 134 \\ -\ 30 \\ \hline \end{array}$

❻ $\begin{array}{r} 174 \\ -\ 20 \\ \hline \end{array}$

❼ $\begin{array}{r} 174 \\ -\ 22 \\ \hline \end{array}$

❽ $\begin{array}{r} 174 \\ -\ 24 \\ \hline \end{array}$

❾ $\begin{array}{r} 174 \\ -\ 26 \\ \hline \end{array}$

❿ $\begin{array}{r} 174 \\ -\ 28 \\ \hline \end{array}$

⓫ $\begin{array}{r} 135 \\ -\ 15 \\ \hline \end{array}$

⓬ $\begin{array}{r} 135 \\ -\ 23 \\ \hline \end{array}$

⓭ $\begin{array}{r} 135 \\ -\ 14 \\ \hline \end{array}$

⓮ $\begin{array}{r} 135 \\ -\ 16 \\ \hline \end{array}$

⓯ $\begin{array}{r} 135 \\ -\ 18 \\ \hline \end{array}$

⓰ $\begin{array}{r} 155 \\ -\ 31 \\ \hline \end{array}$

⓱ $\begin{array}{r} 155 \\ -\ 23 \\ \hline \end{array}$

⓲ $\begin{array}{r} 155 \\ -\ 37 \\ \hline \end{array}$

⓳ $\begin{array}{r} 155 \\ -\ 46 \\ \hline \end{array}$

⓴ $\begin{array}{r} 155 \\ -\ 29 \\ \hline \end{array}$

まちがえた　もんだいは，もう　一(いち)ど
やりなおして　みよう。

てん

25 3けたの　かずの　ひきざん(2)

むずかしさ ★★☆

月	日	名まえ	はじめ　じ　ふん	おわり　じ　ふん

1 けいさんを　しましょう。

〔1もん　2てん〕

① 143 − 31

② 143 − 33

③ 143 − 34

④ 143 − 28

⑤ 143 − 26

⑥ 143 − 21

⑦ 143 − 23

⑧ 143 − 14

⑨ 143 − 25

⑩ 143 − 29

⑪ 154 − 22

⑫ 154 − 33

⑬ 154 − 34

⑭ 154 − 27

⑮ 154 − 39

⑯ 154 − 28

⑰ 154 − 16

⑱ 154 − 37

⑲ 154 − 45

⑳ 154 − 49

3けたの　かずから，2けたの　かずを　ひく　ひきざんを
れんしゅうしよう。

2 けいさんを しましょう。

〔1もん 3てん〕

① 165
　− 21

② 165
　− 42

③ 165
　− 65

④ 165
　− 58

⑤ 165
　− 47

⑥ 166
　− 56

⑦ 166
　− 37

⑧ 166
　− 48

⑨ 166
　− 59

⑩ 166
　− 38

⑪ 165
　− 25

⑫ 165
　− 27

⑬ 165
　− 18

⑭ 165
　− 46

⑮ 165
　− 29

⑯ 161
　− 34

⑰ 161
　− 45

⑱ 161
　− 56

⑲ 161
　− 48

⑳ 161
　− 57

©くもん出版

まちがえた もんだいは, もう 一ど
やりなおして みよう。

50

てん

26 3けたの　かずの　ひきざん(3)

むずかしさ ★★☆

月　日　名まえ　はじめ　じ　ふん　おわり　じ　ふん

1 けいさんを　しましょう。　〔1もん　2てん〕

① $\begin{array}{r} 130 \\ -\ \ 10 \\ \hline \end{array}$

② $\begin{array}{r} 130 \\ -\ \ 20 \\ \hline \end{array}$

③ $\begin{array}{r} 130 \\ -\ \ 30 \\ \hline \end{array}$

④ $\begin{array}{r} 130 \\ -\ \ 40 \\ \hline \square\square \end{array}$

⑤ $\begin{array}{r} 130 \\ -\ \ 60 \\ \hline \end{array}$

⑥ $\begin{array}{r} 100 \\ -\ \ 20 \\ \hline \end{array}$

⑦ $\begin{array}{r} 100 \\ -\ \ 40 \\ \hline \end{array}$

⑧ $\begin{array}{r} 100 \\ -\ \ 50 \\ \hline \end{array}$

⑨ $\begin{array}{r} 100 \\ -\ \ 60 \\ \hline \end{array}$

⑩ $\begin{array}{r} 100 \\ -\ \ 80 \\ \hline \end{array}$

⑪ $\begin{array}{r} 110 \\ -\ \ 20 \\ \hline \end{array}$

⑫ $\begin{array}{r} 110 \\ -\ \ 40 \\ \hline \end{array}$

⑬ $\begin{array}{r} 110 \\ -\ \ 50 \\ \hline \end{array}$

⑭ $\begin{array}{r} 110 \\ -\ \ 60 \\ \hline \end{array}$

⑮ $\begin{array}{r} 110 \\ -\ \ 80 \\ \hline \end{array}$

⑯ $\begin{array}{r} 140 \\ -\ \ 10 \\ \hline \end{array}$

⑰ $\begin{array}{r} 140 \\ -\ \ 20 \\ \hline \end{array}$

⑱ $\begin{array}{r} 140 \\ -\ \ 30 \\ \hline \end{array}$

⑲ $\begin{array}{r} 140 \\ -\ \ 40 \\ \hline \end{array}$

⑳ $\begin{array}{r} 140 \\ -\ \ 60 \\ \hline \end{array}$

3けたの　かずから，2けたの　かずを　ひく　ひきざんを
れんしゅうしよう。

2 けいさんを しましょう。 〔1もん 3てん〕

① 120
－ 30

⑥ 110
－ 30

⑪ 140
－ 50

⑯ 130
－ 50

② 120
－ 50

⑦ 110
－ 50

⑫ 150
－ 60

⑰ 140
－ 60

③ 120
－ 70

⑧ 110
－ 70

⑬ 150
－ 70

⑱ 160
－ 70

④ 120
－ 60

⑨ 110
－ 60

⑭ 150
－ 80

⑲ 170
－ 80

⑤ 120
－ 90

⑩ 110
－ 90

⑮ 150
－ 90

⑳ 180
－ 90

©くもん出版

まちがえた もんだいは，もう 一ど
やりなおして みよう。

てん

27 3けたの　かずの　ひきざん(4)

むずかしさ ★★★

月　　日　名まえ　はじめ　じ　ふん　おわり　じ　ふん

1　けいさんを　しましょう。

〔1もん　2てん〕

❶ $128 - 10$

❷ $128 - 50$

❸ $128 - 70$

❹ $128 - 80$

❺ $128 - 90$

❻ $136 - 10$

❼ $136 - 31$

❽ $136 - 51$

❾ $136 - 72$

❿ $136 - 92$

⓫ $127 - 43$

⓬ $127 - 53$

⓭ $127 - 73$

⓮ $127 - 83$

⓯ $127 - 93$

⓰ $135 - 43$

⓱ $135 - 53$

⓲ $135 - 73$

⓳ $135 - 83$

⓴ $135 - 93$

3けたの　かずから，2けたの　かずを　ひく　ひきざんを
れんしゅうしよう。

2 けいさんを しましょう。

❶
```
  1 4 4
-   1 6
```

❻
```
  1 4 4
-   6 1
```

⓫
```
  1 3 9
-   5 2
```

⓰
```
  1 2 8
-   5 6
```

❷
```
  1 4 4
-   1 8
```

❼
```
  1 4 4
-   5 1
```

⓬
```
  1 3 9
-   8 2
```

⓱
```
  1 2 8
-   8 6
```

❸
```
  1 4 4
-   1 7
```

❽
```
  1 4 4
-   8 1
```

⓭
```
  1 3 9
-   6 3
```

⓲
```
  1 2 8
-   6 5
```

❹
```
  1 4 4
-   1 5
```

❾
```
  1 4 4
-   7 1
```

⓮
```
  1 3 9
-   7 3
```

⓳
```
  1 2 8
-   7 5
```

❺
```
  1 4 4
-   1 9
```

❿
```
  1 4 4
-   9 1
```

⓯
```
  1 3 9
-   9 3
```

⓴
```
  1 2 8
-   9 5
```

©くもん出版

まちがえた もんだいは, もう 一ど
やりなおして みよう。

54

てん

28 3けたの　かずの　ひきざん(5)

むずかしさ ★★☆

月　日	名まえ	はじめ　じ　ふん	おわり　じ　ふん

1 けいさんを　しましょう。

〔1もん　2てん〕

1. $129 - 42$
2. $129 - 54$
3. $129 - 63$
4. $129 - 85$
5. $129 - 91$
6. $135 - 52$
7. $135 - 74$
8. $135 - 83$
9. $135 - 65$
10. $135 - 41$
11. $142 - 21$
12. $142 - 22$
13. $142 - 23$
14. $142 - 24$
15. $142 - 25$
16. $144 - 10$
17. $144 - 30$
18. $144 - 50$
19. $144 - 60$
20. $144 - 70$

©くもん出版

3けたの　かずから，2けたの　かずを　ひく　ひきざんを　れんしゅうしよう。

2 けいさんを しましょう。

〔1もん 3てん〕

❶ $145 - 34$

❷ $145 - 44$

❸ $145 - 74$

❹ $145 - 64$

❺ $145 - 54$

❻ $139 - 46$

❼ $139 - 62$

❽ $139 - 84$

❾ $138 - 55$

❿ $138 - 77$

⓫ $126 - 56$

⓬ $126 - 22$

⓭ $126 - 18$

⓮ $136 - 62$

⓯ $146 - 72$

⓰ $148 - 64$

⓱ $148 - 85$

⓲ $158 - 64$

⓳ $168 - 85$

⓴ $178 - 92$

まちがえた もんだいは，もう 一(いち)ど やりなおして みよう。

てん

29

3けたの　かずの　ひきざん(6)

むずかしさ ★★☆

月　日　名まえ　はじめ　じ　ふん　おわり　じ　ふん

1　けいさんを　しましょう。　〔1もん　2てん〕

❶ $145 - 56$　8 9

❷ $145 - 66$　7 9

❸ $145 - 76$

❹ $145 - 86$

❺ $145 - 96$

❻ $135 - 19$

❼ $135 - 29$

❽ $135 - 39$

❾ $135 - 49$

❿ $135 - 69$

⓫ $134 - 45$

⓬ $134 - 55$

⓭ $134 - 65$

⓮ $134 - 66$

⓯ $134 - 75$

⓰ $134 - 76$

⓱ $134 - 85$

⓲ $134 - 86$

⓳ $134 - 95$

⓴ $134 - 96$

3けたの　かずから，2けたの　かずを　ひく　ひきざんを　れんしゅうしよう。

2 けいさんを しましょう。

〔1もん 3てん〕

①
```
  1 1 1
-   3 4
```

⑥
```
  1 3 2
-   4 2
```

⑪
```
  1 2 4
-   4 4
```

⑯
```
  1 4 3
-   6 4
```

②
```
  1 1 1
-   4 4
```

⑦
```
  1 3 2
-   4 3
```

⑫
```
  1 2 4
-   4 5
```

⑰
```
  1 4 3
-   6 5
```

③
```
  1 1 1
-   5 6
```

⑧
```
  1 3 2
-   4 4
```

⑬
```
  1 2 4
-   4 6
```

⑱
```
  1 4 3
-   6 6
```

④
```
  1 1 1
-   5 7
```

⑨
```
  1 3 2
-   4 7
```

⑭
```
  1 2 4
-   4 7
```

⑲
```
  1 4 3
-   6 7
```

⑤
```
  1 1 1
-   5 9
```

⑩
```
  1 3 2
-   4 9
```

⑮
```
  1 2 4
-   4 9
```

⑳
```
  1 4 3
-   6 9
```

©くもん出版

まちがえた もんだいは, もう 一ど
やりなおして みよう。

58

てん

30

3けたの　かずの　ひきざん(7)

むずかしさ ★★☆

月　　日　　名まえ　　はじめ　じ　ふん　おわり　じ　ふん

1　けいさんを　しましょう。　〔1もん　2てん〕

① 134 − 62	⑥ 142 − 56	⑪ 113 − 34	⑯ 126 − 49
② 134 − 64	⑦ 142 − 66	⑫ 113 − 44	⑰ 126 − 69
③ 134 − 65	⑧ 142 − 76	⑬ 113 − 64	⑱ 126 − 58
④ 134 − 75	⑨ 142 − 86	⑭ 113 − 24	⑲ 146 − 68
⑤ 134 − 95	⑩ 142 − 96	⑮ 113 − 14	⑳ 146 − 78

3けたの　かずから，2けたの　かずを　ひく　ひきざんを
れんしゅうしよう。

2 けいさんを しましょう。

〔1もん 3てん〕

① 123
 − 32

② 123
 − 43

③ 123
 − 47

④ 123
 − 35

⑤ 123
 − 25

⑥ 145
 − 54

⑦ 145
 − 59

⑧ 142
 − 79

⑨ 142
 − 58

⑩ 142
 − 46

⑪ 162
 − 83

⑫ 162
 − 85

⑬ 165
 − 95

⑭ 165
 − 78

⑮ 165
 − 69

⑯ 136
 − 59

⑰ 136
 − 48

⑱ 131
 − 83

⑲ 131
 − 74

⑳ 131
 − 95

まちがえた もんだいは, もう 一ど
やりなおして みよう。

60

てん

31 3けたの　かずの　ひきざん(8)

むずかしさ ★★☆

月　　日　名まえ　　はじめ　じ　ふん　おわり　じ　ふん

1 けいさんを　しましょう。　〔1もん　2てん〕

1. $120 - 30$
2. $120 - 60$
3. $140 - 40$
4. $140 - 50$
5. $100 - 70$
6. $127 - 42$
7. $127 - 85$
8. $136 - 23$
9. $136 - 56$
10. $136 - 38$
11. $148 - 83$
12. $148 - 76$
13. $146 - 76$
14. $145 - 36$
15. $145 - 46$
16. $135 - 47$
17. $135 - 27$
18. $135 - 37$
19. $124 - 57$
20. $124 - 27$

3けたの　かずから，2けたの　かずを　ひく　ひきざんを
れんしゅうしよう。

2 けいさんを　しましょう。

〔1もん　3てん〕

❶ $\begin{array}{r} 160 \\ -\ 80 \\ \hline \end{array}$

❷ $\begin{array}{r} 140 \\ -\ 20 \\ \hline \end{array}$

❸ $\begin{array}{r} 120 \\ -\ 50 \\ \hline \end{array}$

❹ $\begin{array}{r} 100 \\ -\ 30 \\ \hline \end{array}$

❺ $\begin{array}{r} 123 \\ -\ 43 \\ \hline \end{array}$

❻ $\begin{array}{r} 124 \\ -\ 35 \\ \hline \end{array}$

❼ $\begin{array}{r} 163 \\ -\ 88 \\ \hline \end{array}$

❽ $\begin{array}{r} 163 \\ -\ 58 \\ \hline \end{array}$

❾ $\begin{array}{r} 157 \\ -\ 65 \\ \hline \end{array}$

❿ $\begin{array}{r} 157 \\ -\ 68 \\ \hline \end{array}$

⓫ $\begin{array}{r} 145 \\ -\ 57 \\ \hline \end{array}$

⓬ $\begin{array}{r} 146 \\ -\ 49 \\ \hline \end{array}$

⓭ $\begin{array}{r} 144 \\ -\ 77 \\ \hline \end{array}$

⓮ $\begin{array}{r} 145 \\ -\ 37 \\ \hline \end{array}$

⓯ $\begin{array}{r} 133 \\ -\ 65 \\ \hline \end{array}$

⓰ $\begin{array}{r} 138 \\ -\ 89 \\ \hline \end{array}$

⓱ 139－18＝

⓲ 127－63＝

⓳ 154－73＝

⓴ 166－57＝

©くもん出版

まちがえた　もんだいは，もう　一(いち)ど
やりなおして　みよう。

てん

32 3けたの　かずの　ひきざん(9)

むずかしさ ★★★

月　日　名まえ　はじめ　じ　ふん　おわり　じ　ふん

1 けいさんを　しましょう。

〔1もん　2てん〕

❶ $102 - 13$ (8 9)	❻ $101 - 13$	⓫ $103 - 16$	⓰ $105 - 19$
❷ $102 - 23$	❼ $101 - 23$	⓬ $103 - 26$	⓱ $105 - 29$
❸ $102 - 33$	❽ $101 - 33$	⓭ $103 - 36$	⓲ $105 - 39$
❹ $102 - 43$	❾ $101 - 43$	⓮ $103 - 46$	⓳ $105 - 49$
❺ $102 - 53$	❿ $101 - 53$	⓯ $103 - 56$	⓴ $105 - 59$

©くもん出版

こたえを　かきおわったら，見(み)なおしを　しよう。
まちがいが　なくなるよ。

2 けいさんを　しましょう。

〔1もん　3てん〕

❶ $101 - 14$

❷ $101 - 24$

❸ $101 - 34$

❹ $101 - 44$

❺ $101 - 54$

❻ $102 - 18$

❼ $102 - 28$

❽ $102 - 38$

❾ $102 - 48$

❿ $102 - 58$

⓫ $104 - 15$

⓬ $104 - 25$

⓭ $104 - 35$

⓮ $104 - 45$

⓯ $104 - 55$

⓰ $104 - 17$

⓱ $104 - 27$

⓲ $104 - 37$

⓳ $104 - 47$

⓴ $104 - 57$

©くもん出版

まちがえた　もんだいは，もう　一(いち)ど
やりなおして　みよう。

てん

64

33 3けたの　かずの　ひきざん(10)

むずかしさ ★★☆

月　　日　名まえ　はじめ　じ　ふん　おわり　じ　ふん

1 けいさんを　しましょう。

〔1もん　2てん〕

① $100 - 13 =$

② $100 - 24 =$

③ $100 - 45 =$

④ $100 - 67 =$

⑤ $100 - 92 =$

⑥ $110 - 13 =$

⑦ $110 - 24 =$

⑧ $110 - 45 =$

⑨ $110 - 67 =$

⑩ $110 - 92 =$

⑪ $120 - 35 =$

⑫ $120 - 53 =$

⑬ $140 - 62 =$

⑭ $140 - 71 =$

⑮ $140 - 46 =$

⑯ $150 - 75 =$

⑰ $150 - 54 =$

⑱ $160 - 83 =$

⑲ $170 - 94 =$

⑳ $180 - 89 =$

こたえを　かきおわったら，見(み)なおしを　しよう。
まちがいが　なくなるよ。

2 けいさんを　しましょう。　〔1もん　3てん〕

❶ $\begin{array}{r} 100 \\ -\quad 6 \\ \hline \end{array}$

❷ $\begin{array}{r} 100 \\ -\quad 18 \\ \hline \end{array}$

❸ $\begin{array}{r} 100 \\ -\quad 35 \\ \hline \end{array}$

❹ $\begin{array}{r} 100 \\ -\quad 62 \\ \hline \end{array}$

❺ $\begin{array}{r} 101 \\ -\quad 6 \\ \hline \end{array}$

❻ $\begin{array}{r} 101 \\ -\quad 18 \\ \hline \end{array}$

❼ $\begin{array}{r} 101 \\ -\quad 35 \\ \hline \end{array}$

❽ $\begin{array}{r} 101 \\ -\quad 62 \\ \hline \end{array}$

❾ $\begin{array}{r} 103 \\ -\quad 15 \\ \hline \end{array}$

❿ $\begin{array}{r} 103 \\ -\quad 25 \\ \hline \end{array}$

⓫ $\begin{array}{r} 105 \\ -\quad 46 \\ \hline \end{array}$

⓬ $\begin{array}{r} 105 \\ -\quad 78 \\ \hline \end{array}$

⓭ $\begin{array}{r} 110 \\ -\quad 15 \\ \hline \end{array}$

⓮ $\begin{array}{r} 110 \\ -\quad 25 \\ \hline \end{array}$

⓯ $\begin{array}{r} 130 \\ -\quad 46 \\ \hline \end{array}$

⓰ $\begin{array}{r} 130 \\ -\quad 78 \\ \hline \end{array}$

⓱ 106－8＝

⓲ 120－55＝

⓳ 100－27＝

⓴ 102－39＝

©くもん出版

まちがえた　もんだいは，もう　一（いち）ど
やりなおして　みよう。

てん

34 3けたの　かずの　ひきざん(11)

むずかしさ ★★☆

月　　日　　名まえ　　はじめ　じ　ふん　おわり　じ　ふん

1 けいさんを　しましょう。

〔1もん　2てん〕

1. $103 - 47$
2. $103 - 57$
3. $113 - 57$
4. $113 - 86$
5. $143 - 86$
6. $100 - 26$
7. $110 - 26$
8. $120 - 26$
9. $140 - 45$
10. $150 - 45$
11. $127 - 28$
12. $127 - 48$
13. $147 - 34$
14. $147 - 49$
15. $157 - 89$
16. $164 - 62$
17. $164 - 92$
18. $132 - 25$
19. $132 - 55$
20. $132 - 75$

こたえを　かきおわったら，見(み)なおしを　しよう。
まちがいが　なくなるよ。

2　けいさんを　しましょう。　〔1もん　3てん〕

❶
$$\begin{array}{r} 130 \\ -\ \ 52 \\ \hline \end{array}$$

❷
$$\begin{array}{r} 110 \\ -\ \ 36 \\ \hline \end{array}$$

❸
$$\begin{array}{r} 100 \\ -\ \ 25 \\ \hline \end{array}$$

❹
$$\begin{array}{r} 100 \\ -\ \ \ 8 \\ \hline \end{array}$$

❺
$$\begin{array}{r} 105 \\ -\ \ \ 7 \\ \hline \end{array}$$

❻
$$\begin{array}{r} 106 \\ -\ \ \ 9 \\ \hline \end{array}$$

❼
$$\begin{array}{r} 103 \\ -\ \ 15 \\ \hline \end{array}$$

❽
$$\begin{array}{r} 104 \\ -\ \ 36 \\ \hline \end{array}$$

❾
$$\begin{array}{r} 112 \\ -\ \ 25 \\ \hline \end{array}$$

❿
$$\begin{array}{r} 114 \\ -\ \ 35 \\ \hline \end{array}$$

⓫
$$\begin{array}{r} 126 \\ -\ \ 51 \\ \hline \end{array}$$

⓬
$$\begin{array}{r} 123 \\ -\ \ 15 \\ \hline \end{array}$$

⓭
$$\begin{array}{r} 141 \\ -\ \ 69 \\ \hline \end{array}$$

⓮
$$\begin{array}{r} 147 \\ -\ \ 83 \\ \hline \end{array}$$

⓯
$$\begin{array}{r} 163 \\ -\ \ 52 \\ \hline \end{array}$$

⓰
$$\begin{array}{r} 165 \\ -\ \ 68 \\ \hline \end{array}$$

⓱　160－54＝

⓲　104－7＝

⓳　131－36＝

⓴　152－83＝

©くもん出版

まちがえた　もんだいは，もう　一(いち)ど
やりなおして　みよう。

てん

35 3けたの かずの ひきざん(12)

むずかしさ ★★★

月　日　名まえ　　はじめ　じ　ふん　おわり　じ　ふん

1 けいさんを しましょう。

〔1もん 2てん〕

① $\begin{array}{r} 260 \\ -\ \ 20 \\ \hline \end{array}$

② $\begin{array}{r} 260 \\ -\ \ 30 \\ \hline \end{array}$

③ $\begin{array}{r} 260 \\ -\ \ 40 \\ \hline \end{array}$

④ $\begin{array}{r} 260 \\ -\ \ 50 \\ \hline \end{array}$

⑤ $\begin{array}{r} 260 \\ -\ \ 60 \\ \hline \end{array}$

⑥ $\begin{array}{r} 360 \\ -\ \ 20 \\ \hline \end{array}$

⑦ $\begin{array}{r} 360 \\ -\ \ 30 \\ \hline \end{array}$

⑧ $\begin{array}{r} 360 \\ -\ \ 40 \\ \hline \end{array}$

⑨ $\begin{array}{r} 360 \\ -\ \ 50 \\ \hline \end{array}$

⑩ $\begin{array}{r} 360 \\ -\ \ 60 \\ \hline \end{array}$

⑪ $\begin{array}{r} 230 \\ -\ \ 20 \\ \hline \end{array}$

⑫ $\begin{array}{r} 230 \\ -\ \ 30 \\ \hline \end{array}$

⑬ $\begin{array}{r} 230 \\ -\ \ 40 \\ \hline \square\square 0 \end{array}$

⑭ $\begin{array}{r} 230 \\ -\ \ 50 \\ \hline \end{array}$

⑮ $\begin{array}{r} 230 \\ -\ \ 60 \\ \hline \end{array}$

⑯ $\begin{array}{r} 340 \\ -\ \ 30 \\ \hline \end{array}$

⑰ $\begin{array}{r} 340 \\ -\ \ 40 \\ \hline \end{array}$

⑱ $\begin{array}{r} 340 \\ -\ \ 50 \\ \hline \end{array}$

⑲ $\begin{array}{r} 340 \\ -\ \ 60 \\ \hline \end{array}$

⑳ $\begin{array}{r} 340 \\ -\ \ 70 \\ \hline \end{array}$

3けたの かずから，2けたの かずを ひく ひきざんを れんしゅうしよう。

2 けいさんを しましょう。

〔1もん 3てん〕

①
```
  4 3 0
－   2 0
```

⑥
```
  5 3 0
－   2 0
```

⑪
```
  4 1 0
－   2 0
```

⑯
```
  5 2 0
－   3 0
```

②
```
  4 3 0
－   3 0
```

⑦
```
  5 3 0
－   3 0
```

⑫
```
  4 1 0
－   4 0
```

⑰
```
  5 2 0
－   5 0
```

③
```
  4 3 0
－   4 0
```

⑧
```
  5 3 0
－   4 0
```

⑬
```
  4 1 0
－   5 0
```

⑱
```
  5 2 0
－   7 0
```

④
```
  4 3 0
－   5 0
```

⑨
```
  5 3 0
－   5 0
```

⑭
```
  4 1 0
－   6 0
```

⑲
```
  5 2 0
－   6 0
```

⑤
```
  4 3 0
－   6 0
```

⑩
```
  5 3 0
－   6 0
```

⑮
```
  4 1 0
－   8 0
```

⑳
```
  5 2 0
－   9 0
```

70　まちがえた もんだいは, もう 一ど
　　やりなおして みよう。

てん

36　3けたの　かずの　ひきざん(13)

むずかしさ ★★★

月　日　名まえ　はじめ　じ　ふん　おわり　じ　ふん

1　けいさんを　しましょう。　〔1もん　2てん〕

① $272 - 12$

② $272 - 15$

③ $272 - 27$

④ $272 - 26$

⑤ $272 - 38$

⑥ $215 - 21$

⑦ $215 - 41$

⑧ $215 - 62$

⑨ $215 - 82$

⑩ $215 - 94$

⑪ $251 - 26$

⑫ $251 - 24$

⑬ $251 - 28$

⑭ $251 - 35$

⑮ $251 - 39$

⑯ $224 - 42$

⑰ $224 - 72$

⑱ $224 - 52$

⑲ $224 - 63$

⑳ $224 - 93$

3けたの　かずから，2けたの　かずを　ひく　ひきざんを
れんしゅうしよう。

2 けいさんを　しましょう。

〔1もん　3てん〕

1. $235 - 51$
2. $235 - 61$
3. $235 - 71$
4. $235 - 81$
5. $235 - 91$
6. $335 - 52$
7. $335 - 62$
8. $335 - 72$
9. $335 - 82$
10. $335 - 92$
11. $327 - 43$
12. $327 - 84$
13. $327 - 92$
14. $327 - 65$
15. $327 - 56$
16. $427 - 41$
17. $427 - 73$
18. $427 - 64$
19. $427 - 85$
20. $427 - 30$

まちがえた　もんだいは，もう　一(いち)ど
やりなおして　みよう。

てん

37 3けたの　かずの　ひきざん(14)

むずかしさ ★★★

月　　日　名まえ　はじめ　じ　ふん　おわり　じ　ふん

1 けいさんを　しましょう。〔1もん　2てん〕

① $\begin{array}{r} 500 \\ -200 \\ \hline \boxed{3}00 \end{array}$

② $\begin{array}{r} 600 \\ -200 \\ \hline \end{array}$

③ $\begin{array}{r} 630 \\ -200 \\ \hline \end{array}$

④ $\begin{array}{r} 650 \\ -220 \\ \hline \end{array}$

⑤ $\begin{array}{r} 650 \\ -330 \\ \hline \end{array}$

⑥ $\begin{array}{r} 368 \\ -130 \\ \hline \end{array}$

⑦ $\begin{array}{r} 368 \\ -240 \\ \hline \end{array}$

⑧ $\begin{array}{r} 368 \\ -135 \\ \hline \end{array}$

⑨ $\begin{array}{r} 368 \\ -138 \\ \hline \end{array}$

⑩ $\begin{array}{r} 368 \\ -168 \\ \hline \end{array}$

⑪ $\begin{array}{r} 475 \\ -123 \\ \hline \end{array}$

⑫ $\begin{array}{r} 475 \\ -143 \\ \hline \end{array}$

⑬ $\begin{array}{r} 475 \\ -144 \\ \hline \end{array}$

⑭ $\begin{array}{r} 475 \\ -164 \\ \hline \end{array}$

⑮ $\begin{array}{r} 475 \\ -264 \\ \hline \end{array}$

⑯ $\begin{array}{r} 489 \\ -121 \\ \hline \end{array}$

⑰ $\begin{array}{r} 489 \\ -123 \\ \hline \end{array}$

⑱ $\begin{array}{r} 489 \\ -125 \\ \hline \end{array}$

⑲ $\begin{array}{r} 489 \\ -225 \\ \hline \end{array}$

⑳ $\begin{array}{r} 489 \\ -325 \\ \hline \end{array}$

3けたの　かずから，3けたの　かずを　ひく　ひきざんに
ちょうせんしよう。

2 けいさんを　しましょう。　〔1もん　3てん〕

① $\begin{array}{r} 536 \\ -213 \\ \hline \end{array}$

② $\begin{array}{r} 536 \\ -422 \\ \hline \end{array}$

③ $\begin{array}{r} 536 \\ -231 \\ \hline \end{array}$

④ $\begin{array}{r} 536 \\ -500 \\ \hline \square\square \end{array}$

⑤ $\begin{array}{r} 536 \\ -530 \\ \hline \end{array}$

⑥ $\begin{array}{r} 483 \\ -320 \\ \hline \end{array}$

⑦ $\begin{array}{r} 483 \\ -321 \\ \hline \end{array}$

⑧ $\begin{array}{r} 483 \\ -342 \\ \hline \end{array}$

⑨ $\begin{array}{r} 483 \\ -412 \\ \hline \end{array}$

⑩ $\begin{array}{r} 483 \\ -453 \\ \hline \end{array}$

⑪ $\begin{array}{r} 635 \\ -215 \\ \hline \end{array}$

⑫ $\begin{array}{r} 635 \\ -314 \\ \hline \end{array}$

⑬ $\begin{array}{r} 635 \\ -423 \\ \hline \end{array}$

⑭ $\begin{array}{r} 635 \\ -621 \\ \hline \end{array}$

⑮ $\begin{array}{r} 635 \\ -612 \\ \hline \end{array}$

⑯ $\begin{array}{r} 758 \\ -123 \\ \hline \end{array}$

⑰ $\begin{array}{r} 758 \\ -346 \\ \hline \end{array}$

⑱ $\begin{array}{r} 758 \\ -537 \\ \hline \end{array}$

⑲ $\begin{array}{r} 758 \\ -734 \\ \hline \end{array}$

⑳ $\begin{array}{r} 758 \\ -702 \\ \hline \end{array}$

まちがえた　もんだいは，もう　一(いち)ど
やりなおして　みよう。

てん

38 大きな　かずの　ひきざん(2)

むずかしさ ★★☆

月　日　名まえ　はじめ　じ　ふん　おわり　じ　ふん

1 けいさんを　しましょう。　〔1もん　2てん〕

① 13－10＝

② 15－10＝

③ 18－10＝

④ 21－10＝

⑤ 25－10＝

⑥ 28－10＝

⑦ 23－20＝

⑧ 25－20＝

⑨ 27－20＝

⑩ 37－20＝

⑪ 38－20＝

⑫ 48－20＝

⑬ 45－20＝

⑭ 34－30＝

⑮ 36－30＝

⑯ 43－30＝

⑰ 48－30＝

⑱ 48－40＝

⑲ 45－40＝

⑳ 55－40＝

㉑ 65－50＝

㉒ 69－50＝

㉓ 79－50＝

㉔ 76－50＝

㉕ 86－50＝

大きな　かずの　ひきざんを　れんしゅうしよう。

2 けいさんを　しましょう。

〔1もん　2てん〕

① 16−10＝

② 24−10＝

③ 56−10＝

④ 27−20＝

⑤ 46−20＝

⑥ 63−20＝

⑦ 78−20＝

⑧ 35−30＝

⑨ 56−30＝

⑩ 84−30＝

⑪ 47−40＝

⑫ 52−40＝

⑬ 79−40＝

⑭ 67−50＝

⑮ 85−50＝

⑯ 92−50＝

⑰ 67−60＝

⑱ 71−60＝

⑲ 95−60＝

⑳ 83−70＝

㉑ 96−70＝

㉒ 86−80＝

㉓ 97−80＝

㉔ 94−90＝

㉕ 98−90＝

©くもん出版

まちがえた　もんだいは，もう　一(いち)ど
やりなおして　みよう。

てん

39 大きな　かずの　ひきざん(3)

むずかしさ ★★☆

月　　日　　名まえ　　はじめ　じ　ふん　　おわり　じ　ふん

1 けいさんを　しましょう。　〔1もん　2てん〕

1. 80 −20＝
2. 90 −20＝
3. 100−20＝
4. 110−20＝
5. 90 −30＝
6. 100−30＝
7. 110−30＝
8. 120−30＝
9. 90 −40＝
10. 100−40＝
11. 110−40＝
12. 120−40＝
13. 130−40＝
14. 100−50＝
15. 110−50＝
16. 140−50＝
17. 110−60＝
18. 130−60＝
19. 150−60＝
20. 120−70＝
21. 140−70＝
22. 110−80＝
23. 130−80＝
24. 120−90＝
25. 140−90＝

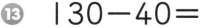

大きな　かずの　ひきざんを　れんしゅうしよう。

2 けいさんを しましょう。

〔1もん 2てん〕

① 130－40＝

② 110－20＝

③ 120－30＝

④ 130－60＝

⑤ 110－60＝

⑥ 130－50＝

⑦ 120－60＝

⑧ 160－70＝

⑨ 180－90＝

⑩ 150－70＝

⑪ 120－90＝

⑫ 150－80＝

⑬ 140－50＝

⑭ 110－30＝

⑮ 110－80＝

⑯ 150－60＝

⑰ 130－80＝

⑱ 120－40＝

⑲ 120－70＝

⑳ 110－40＝

㉑ 140－70＝

㉒ 160－80＝

㉓ 140－80＝

㉔ 150－90＝

㉕ 170－90＝

©くもん出版

まちがえた もんだいは, もう 一ど やりなおして みよう。

78

てん

40 大きな　かずの　ひきざん(4)

むずかしさ ★★★

月　日　名まえ　はじめ　じ　ふん　おわり　じ　ふん

1 けいさんを　しましょう。〔1もん　2てん〕

① 120－100＝20

② 140－100＝

③ 170－100＝

④ 210－200＝

⑤ 250－200＝

⑥ 280－200＝

⑦ 230－200＝

⑧ 340－300＝

⑨ 370－300＝

⑩ 470－400＝

⑪ 480－400＝

⑫ 520－500＝

⑬ 560－500＝

⑭ 360－300＝

⑮ 430－400＝

⑯ 650－600＝

⑰ 720－700＝

⑱ 850－800＝

⑲ 740－700＝

⑳ 550－500＝

㉑ 270－200＝

㉒ 460－400＝

㉓ 790－700＝

㉔ 860－800＝

㉕ 930－900＝

©くもん出版

大きな　かずの　ひきざんを　れんしゅうしよう。

2 けいさんを　しましょう。 〔1もん　2てん〕

1. 120－20＝
2. 320－20＝
3. 520－20＝
4. 130－30＝
5. 230－30＝
6. 430－30＝
7. 140－40＝
8. 340－40＝
9. 540－40＝
10. 250－50＝
11. 350－50＝
12. 650－50＝
13. 210－10＝
14. 310－10＝
15. 510－10＝
16. 560－60＝
17. 570－70＝
18. 870－70＝
19. 890－90＝
20. 790－90＝
21. 760－60＝
22. 460－60＝
23. 420－20＝
24. 920－20＝
25. 980－80＝

まちがえた　もんだいは，もう　一(いち)ど
やりなおして　みよう。

てん

41 大きな　かずの　ひきざん(5)

むずかしさ ★★★

月　日　名まえ　はじめ　じ　ふん　おわり　じ　ふん

1 けいさんを　しましょう。　〔1もん　2てん〕

❶ 103－100＝

❷ 105－100＝

❸ 107－100＝

❹ 201－200＝

❺ 204－200＝

❻ 208－200＝

❼ 302－300＝

❽ 305－300＝

❾ 403－400＝

❿ 407－400＝

⓫ 504－500＝

⓬ 604－600＝

⓭ 304－300＝

⓮ 308－300＝

⓯ 508－500＝

⓰ 708－700＝

⓱ 701－700＝

⓲ 801－800＝

⓳ 806－800＝

⓴ 606－600＝

㉑ 607－600＝

㉒ 907－900＝

㉓ 905－900＝

㉔ 405－400＝

㉕ 503－500＝

©くもん出版

大きな　かずの　ひきざんを　れんしゅうしよう。

2 けいさんを しましょう。

〔1もん 2てん〕

① $200-100=100$

② $300-100=200$

③ $400-100=$

④ $600-100=$

⑤ $300-200=$

⑥ $500-200=$

⑦ $700-200=$

⑧ $900-200=$

⑨ $400-300=$

⑩ $600-300=$

⑪ $800-300=$

⑫ $900-300=$

⑬ $1000-300=$

⑭ $500-400=$

⑮ $600-400=$

⑯ $800-400=$

⑰ $700-500=$

⑱ $900-500=$

⑲ $1000-500=$

⑳ $700-600=$

㉑ $900-600=$

㉒ $900-700=$

㉓ $900-800=$

㉔ $1000-800=$

㉕ $1000-900=$

まちがえた もんだいは, もう 一ど
やりなおして みよう。

82

てん

42 大きな　かずの　ひきざん(6)

むずかしさ ★★★

月　日	名まえ	はじめ　じ　ふん	おわり　じ　ふん

1　けいさんを　しましょう。　〔1もん　2てん〕

① 700－100＝	⑭ 1000－400＝
② 800－100＝	⑮ 1100－400＝
③ 900－100＝	⑯ 1300－400＝
④ 1000－100＝	⑰ 1300－500＝
⑤ 800－200＝	⑱ 1100－500＝
⑥ 900－200＝	⑲ 1400－500＝
⑦ 1000－200＝	⑳ 1100－600＝
⑧ 1100－200＝	㉑ 1300－600＝
⑨ 800－300＝	㉒ 1200－700＝
⑩ 900－300＝	㉓ 1400－700＝
⑪ 1000－300＝	㉔ 1100－800＝
⑫ 1100－300＝	㉕ 1200－900＝
⑬ 1200－300＝	

大きな　かずの　ひきざんを　れんしゅうしよう。

2 けいさんを　しましょう。　〔1もん　2てん〕

① 400－200＝

② 700－300＝

③ 706－700＝

④ 305－300＝

⑤ 320－300＝

⑥ 640－600＝

⑦ 650－50＝

⑧ 870－70＝

⑨ 800－700＝

⑩ 1100－700＝

⑪ 1200－900＝

⑫ 120－100＝

⑬ 120－20＝

⑭ 102－100＝

⑮ 406－400＝

⑯ 460－60＝

⑰ 360－300＝

⑱ 530－500＝

⑲ 730－30＝

⑳ 940－40＝

㉑ 901－900＝

㉒ 900－400＝

㉓ 1000－400＝

㉔ 800－200＝

㉕ 870－70＝

©くもん出版

まちがえた　もんだいは，もう　一(いち)ど
やりなおして　みよう。

てん

43 大きな　かずの　ひきざん(7)

むずかしさ ★★★

月　日	名まえ	はじめ　じ　ふん	おわり　じ　ふん

1 けいさんを　しましょう。

〔1もん　4てん〕

① 1200－1000＝200

② 1500－1000＝

③ 2400－2000＝

④ 2700－2000＝

⑤ 4600－4000＝

⑥ 5600－5000＝

⑦ 6300－6000＝

⑧ 8300－8000＝

⑨ 7500－7000＝

⑩ 3500－3000＝

⑪ 3100－3000＝

⑫ 9100－9000＝

4けたの　かずの　ひきざんに　ちょうせんしよう。

2 けいさんを しましょう。

〔1もん　4てん〕

① $1200-200=$

② $3200-200=$

③ $1300-300=$

④ $4300-300=$

⑤ $5400-400=$

⑥ $7400-400=$

⑦ $7100-100=$

⑧ $6500-500=$

⑨ $8600-600=$

⑩ $4900-900=$

⑪ $2700-700=$

⑫ $3800-800=$

⑬ $9300-300=$

©くもん出版

まちがえた もんだいは, もう 一ど
やりなおして みよう。

てん

44 大きな　かずの　ひきざん(8)

むずかしさ ★★★

月　日　名まえ　はじめ　じ　ふん　おわり　じ　ふん

1 けいさんを　しましょう。　〔1もん　4てん〕

❶ 2000－1000＝

❷ 3000－1000＝

❸ 5000－2000＝

❹ 7000－2000＝

❺ 7000－3000＝

❻ 4000－3000＝

❼ 6000－4000＝

❽ 7000－4000＝

❾ 8000－5000＝

❿ 9000－5000＝

⓫ 10000－5000＝

⓬ 10000－4000＝

5けたの　かずの　ひきざんに　ちょうせんしよう。

2 けいさんを しましょう。

〔1もん 4てん〕

❶ 6400－6000＝

❷ 4700－4000＝

❸ 5700－700＝

❹ 8300－300＝

❺ 3000－2000＝

❻ 6000－3000＝

❼ 2600－600＝

❽ 3600－3000＝

❾ 8000－3000＝

❿ 7800－800＝

⓫ 9500－9000＝

⓬ 9000－4000＝

⓭ 10000－2000＝

88 まちがえた もんだいは, もう 一ど
やりなおして みよう。

てん

45 3つの　かずの　けいさん

むずかしさ ★★★

月　　日　名まえ　はじめ　じ　ふん　おわり　じ　ふん

1 かっこの　中(なか)を　先(さき)に　けいさんして，こたえを　出(だ)しましょう。

〔1もん　2てん〕

① (28＋16)＋14＝

② 28＋(16＋14)＝

③ 18－7－3＝

④ 18－(7＋3)＝

⑤ 34－7－17＝

⑥ 34－(7＋17)＝

⑦ 55－19－16＝

⑧ 55－(19＋16)＝

⑨ 63－24－36＝

⑩ 63－(24＋36)＝

①と②，③と④，⑤と⑥，⑦と⑧，⑨と⑩は，
それぞれ　どちらの
ほうが　けいさんが
らくかな。
かんがえて　みよう。

2 かんたんな　けいさんの　しかたで　けいさんしましょう。

〔1もん　3てん〕

① 24＋31＋19＝

② 16－8－2＝

③ 27－9－8＝

④ 39－16－14＝

⑤ 45－12－13＝

⑥ 56－27－19＝

⑦ 83－34－16＝

⑧ 100－30－20＝

⑨ 100－27－33＝

⑩ 108－35－43＝

©くもん出版

かんたんな　けいさんの　しかたを　かんがえてみよう。

3 けいさんを しましょう。

〔1もん 2てん〕

① $16 + 5 + 4 =$

② $16 + 4 + 5 =$

③ $14 - 5 - 4 =$

④ $14 - 4 - 5 =$

⑤ $36 - 16 - 7 =$

⑥ $36 - 7 - 16 =$

⑦ $25 + 8 - 5 =$

⑧ $25 - 5 + 8 =$

⑨ $21 + 17 + 19 =$

⑩ $21 + 19 + 17 =$

⑪ $23 - 3 - 8 =$

⑫ $23 - 8 - 3 =$

⑬ $42 - 17 - 12 =$

⑭ $42 - 12 - 17 =$

⑮ $37 + 12 - 9 =$

⑯ $37 - 9 + 12 =$

それぞれの もんだいは
どちらの けいさんの
しかたが らくか,
かんがえて みよう。

4 かんたんに けいさんできる じゅんじょで けいさん しましょう。

〔1もん 3てん〕

① $13 + 15 + 17 =$

② $16 - 7 - 6 =$

③ $35 - 8 - 15 =$

④ $47 - 19 - 17 =$

⑤ $24 - 16 + 12 =$

⑥ $38 + 13 - 18 =$

まちがえた もんだいは, もう 一ど
やりなおして みよう。

てん

46 しんだんテスト

月	日	名まえ		

1 つぎの けいさんを しましょう。 〔1もん 2てん〕

① 　 6 1
　 － 3 3

② 　 4 6
　 －　 5

③ 　 8 2
　 － 6 5

④ 　 5 0
　 － 3 4

⑤ 　 7 8
　 － 4 0

⑥ 　 8 5
　 － 7 8

⑦ 　 7 6
　 － 3 7

⑧ 　 6 4
　 － 2 8

⑨ 　 4 0
　 －　 7

⑩ 　 3 5
　 － 1 6

⑪ 　 6 0
　 － 2 3

⑫ 　 5 3
　 － 1 7

⑬ 　 7 6
　 － 3 5

⑭ 　 4 1
　 － 2 2

⑮ 　 6 2
　 － 5 4

⑯ 　 6 2
　 －　 8

⑰ 　 8 4
　 － 2 9

⑱ 　 9 4
　 － 2 4

⑲ 　 5 5
　 － 4 6

⑳ 　 7 0
　 － 6 6

©くもん出版

2 つぎの けいさんを しましょう。　　　〔1もん　3てん〕

①
$$\begin{array}{r} 144 \\ -\ 31 \\ \hline \end{array}$$

⑤
$$\begin{array}{r} 153 \\ -\ 78 \\ \hline \end{array}$$

⑨
$$\begin{array}{r} 101 \\ -\ \ \ 6 \\ \hline \end{array}$$

⑬
$$\begin{array}{r} 100 \\ -\ 94 \\ \hline \end{array}$$

②
$$\begin{array}{r} 180 \\ -\ 55 \\ \hline \end{array}$$

⑥
$$\begin{array}{r} 102 \\ -\ 82 \\ \hline \end{array}$$

⑩
$$\begin{array}{r} 115 \\ -\ 49 \\ \hline \end{array}$$

⑭
$$\begin{array}{r} 168 \\ -\ 48 \\ \hline \end{array}$$

③
$$\begin{array}{r} 116 \\ -\ 63 \\ \hline \end{array}$$

⑦
$$\begin{array}{r} 130 \\ -\ 36 \\ \hline \end{array}$$

⑪
$$\begin{array}{r} 127 \\ -\ 91 \\ \hline \end{array}$$

⑮
$$\begin{array}{r} 161 \\ -\ 56 \\ \hline \end{array}$$

④
$$\begin{array}{r} 105 \\ -\ 48 \\ \hline \end{array}$$

⑧
$$\begin{array}{r} 141 \\ -\ 57 \\ \hline \end{array}$$

⑫
$$\begin{array}{r} 133 \\ -\ 45 \\ \hline \end{array}$$

⑯
$$\begin{array}{r} 173 \\ -\ 49 \\ \hline \end{array}$$

3 つぎの けいさんを しましょう。　　　〔1もん　3てん〕

① $36-9-7=$

③ $100-46-14=$

② $54-18-12=$

④ $107-24-33=$

てんすうを つけてから，103ページの
アドバイス を よもう。

□ てん

©くもん出版

① ひく1〜ひく3　P.1・2

1　①2　②4　③3　④5　⑤7　⑥8　⑦6　⑧9　⑨2　⑩5　⑪3　⑫4　⑬6　⑭8　⑮9　⑯7　⑰2　⑱1　⑲0　⑳3　㉑5　㉒4　㉓6　㉔7　㉕8

2　①6　②3　③3　④8　⑤6　⑥0　⑦2　⑧7　⑨8　⑩3　⑪8　⑫5　⑬4　⑭5　⑮6　⑯9　⑰4　⑱4　⑲2　⑳5　㉑7　㉒1　㉓9　㉔7　㉕9

② ひく4・ひく5　P.3・4

1　①3　②4　③5　④9　⑤8　⑥7　⑦6　⑧2　⑨1　⑩0　⑪5　⑫7　⑬9　⑭4　⑮3　⑯2　⑰9　⑱8　⑲7　⑳6　㉑5　㉒0　㉓1　㉔6　㉕9

2　①2　②4　③5　④5　⑤6　⑥9　⑦7　⑧0　⑨9　⑩2　⑪5　⑫5　⑬8　⑭7　⑮0　⑯2　⑰3　⑱8　⑲8　⑳6　㉑1　㉒3　㉓7　㉔4　㉕4

③ 14までから　P.5・6

1　①6　②3　③5　④4　⑤6　⑥4　⑦3　⑧7　⑨10　⑩7　⑪4　⑫9　⑬2　⑭3　⑮9　⑯8　⑰10　⑱11　⑲8　⑳6　㉑5　㉒7　㉓11　㉔10　㉕5

2　①2　②9　③5　④12　⑤4　⑥4　⑦3　⑧11　⑨9　⑩5　⑪5　⑫7　⑬1　⑭1　⑮6　⑯6　⑰8　⑱9　⑲2　⑳3　㉑6　㉒11　㉓4　㉔3　㉕8

④ 19までから　P.7・8

1　①8　②3　③9　④5　⑤7　⑥10　⑦7　⑧13　⑨8　⑩12　⑪11　⑫7　⑬9　⑭11　⑮9　⑯14　⑰8　⑱10　⑲11　⑳15　㉑12　㉒15　㉓10　㉔11　㉕14

2　①10　②12　③6　④9　⑤13　⑥6　⑦18　⑧7　⑨7　⑩15　⑪8　⑫12　⑬9　⑭10　⑮8　⑯12　⑰12　⑱15　⑲11　⑳15　㉑13　㉒13　㉓11　㉔9　㉕12

⑤ 大きな かずの ひきざん(1) P.9・10

1
① 13　⑭ 20
② 23　⑮ 30
③ 21　⑯ 20
④ 34　⑰ 50
⑤ 22　⑱ 20
⑥ 35　⑲ 40
⑦ 31　⑳ 40
⑧ 44　㉑ 50
⑨ 23　㉒ 30
⑩ 43　㉓ 20
⑪ 30　㉔ 20
⑫ 41　㉕ 10
⑬ 52

2
① 22　⑭ 50
② 22　⑮ 45
③ 70　⑯ 20
④ 21　⑰ 41
⑤ 30　⑱ 40
⑥ 40　⑲ 42
⑦ 34　⑳ 53
⑧ 20　㉑ 10
⑨ 34　㉒ 60
⑩ 32　㉓ 83
⑪ 80　㉔ 20
⑫ 20　㉕ 91
⑬ 41

⑥ チェックテスト P.11・12

1
① 6　⑥ 9
② 6　⑦ 8
③ 4　⑧ 8
④ 7　⑨ 6
⑤ 9　⑩ 9

2
① 5　⑥ 5
② 8　⑦ 2
③ 8　⑧ 3
④ 0　⑨ 7
⑤ 3　⑩ 9

3
① 5　⑥ 3
② 10　⑦ 11
③ 4　⑧ 7
④ 12　⑨ 3
⑤ 4　⑩ 6

4
① 13　⑥ 15
② 12　⑦ 14
③ 17　⑧ 10
④ 9　⑨ 8
⑤ 11　⑩ 15

5
① 52　⑥ 30
② 50　⑦ 85
③ 63　⑧ 60
④ 43　⑨ 73
⑤ 30　⑩ 90

アドバイス

● 85てんから 100てんの 人
　まちがえた もんだいを やりなおし
てから, つぎの ページに すすみま
しょう。

● 75てんから 84てんの 人
　ここまでの ページを もう 一ど
おさらいしましょう。

● 0てんから 74てんの 人
　『1年生 ひきざん』で, もう 一ど
ひきざんの おさらいを して おきま
しょう。

⑦ 20までから(1) P.13・14

1
① 9　⑭ 9
② 10　⑮ 10
③ 11　⑯ 14
④ 14　⑰ 15
⑤ 15　⑱ 10
⑥ 16　⑲ 11
⑦ 9　⑳ 15
⑧ 10　㉑ 16
⑨ 11　㉒ 10
⑩ 14　㉓ 11
⑪ 15　㉔ 14
⑫ 16　㉕ 15
⑬ 17

2
① 9　⑭ 9
② 10　⑮ 10
③ 11　⑯ 11
④ 13　⑰ 1
⑤ 14　⑱ 2
⑥ 9　⑲ 6
⑦ 10　⑳ 7
⑧ 11　㉑ 8
⑨ 13　㉒ 1
⑩ 9　㉓ 2
⑪ 10　㉔ 7
⑫ 11　㉕ 8
⑬ 12

⑧ 20までから（2）　P.15・16

1
❶2	⑭1		
❷3	⑮2		
❸1	⑯3		
❹2	⑰5		
❺3	⑱1		
❻6	⑲2		
❼8	⑳3		
❽1	㉑4		
❾3	㉒1		
❿5	㉓2		
⓫1	㉔1		
⓬2	㉕2		
⓭5			

2
❶17	⑭7		
❷18	⑮9		
❸19	⑯10		
❹18	⑰9		
❺17	⑱7		
❻14	⑲3		
❼13	⑳4		
❽11	㉑8		
❾10	㉒12		
❿9	㉓15		
⓫6	㉔5		
⓬4	㉕1		
⓭2			

⑨ 2けたの　かずの　ひきざん（1）　P.17・18

1
❶5	❹5		
❷7	❺7	❼3	❾3
❸5	❻5	❽1	❿1

2
❶6	❹8	❼5	❿2
❷4	❺6	❽3	
❸2	❻7	❾4	

3
❶11	❻6	⓫12	⓰7
❷10	❼5	⓬11	⓱6
❸9	❽3	⓭10	⓲4
❹7	❾4	⓮8	⓳5
❺8	❿2	⓯9	⓴3

アドバイス　ひきざんの　けいさんを
ひっさんでも　できましたか。もし，ま
ちがえた　人は，けいさんの　まちがい
が　すこしでも　すくなくなるように，
すう字を　よく　見て　やりなおして
みましょう。

⑩ 2けたの　かずの　ひきざん（2）　P.19・20

1
❶13	❻8	⓫14	⓰9
❷11	❼7	⓬12	⓱8
❸9	❽5	⓭10	⓲6
❹12	❾6	⓮13	⓳7
❺10	❿4	⓯11	⓴5

2
❶15	❻15	⓫17	⓰17
❷13	❼13	⓬15	⓱15
❸11	❽11	⓭13	⓲13
❹9	❾9	⓮11	⓳11
❺7	❿7	⓯9	⓴9

アドバイス　正しく　できましたか。ま
ちがいが　あったら　もう　一ど　よく
見なおして，やりなおして　みましょう。

⑪ 2けたの　かずの　ひきざん（3）　P.21・22

1
❶19	❻14	⓫8	⓰18
❷17	❼13	⓬6	⓱16
❸15	❽11	⓭4	⓲14
❹18	❾12	⓮2	⓳12
❺16	❿10	⓯5	⓴15

2
❶18	❻28	⓫19	⓰30
❷15	❼25	⓬16	⓱27
❸13	❽23	⓭14	⓲25
❹16	❾26	⓮17	⓳28
❺14	❿24	⓯15	⓴26

アドバイス　だんだん　けいさんに　な
れて　きましたね。この　ちょうしで，
つぎも　がんばりましょう。

⑫ 2けたの かずの ひきざん(4) P.23・24

1
❶6	❻16	⑪17	⑯27
❷4	❼14	⑫15	⑰25
❸7	❽17	⑬18	⑱28
❹5	❾15	⑭16	⑲26
❺3	❿13	⑮14	⑳24

2
❶18	❻28	⑪28	⑯34
❷19	❼29	⑫26	⑰32
❸17	❽27	⑬27	⑱35
❹15	❾25	⑭25	⑲33
❺12	❿23	⑮23	⑳31

⑬ 2けたの かずの ひきざん(5) P.25・26

1
❶20	❻30	⑪31	⑯40
❷17	❼27	⑫26	⑰38
❸14	❽24	⑬27	⑱35
❹18	❾28	⑭29	⑲36
❺15	❿25	⑮24	⑳34

2
❶42	❻51	⑪20	⑯41
❷39	❼54	⑫17	⑰37
❸36	❽49	⑬26	⑱45
❹41	❾47	⑭29	⑲48
❺38	❿46	⑮35	⑳56

⑭ 2けたの かずの ひきざん(6) P.27・28

1
❶27	❻17	⑪35	⑯25
❷37	❼27	⑫45	⑰35
❸47	❽37	⑬55	⑱45
❹57	❾47	⑭65	⑲55
❺67	❿57	⑮75	⑳65

2
❶27	❻17	⑪37	⑯27
❷25	❼15	⑫35	⑰25
❸23	❽13	⑬33	⑱23
❹26	❾16	⑭34	⑲24
❺24	❿14	⑮32	⑳22

⑮ 2けたの かずの ひきざん(7) P.29・30

1
❶38	❻28	⑪46	⑯36
❷36	❼26	⑫44	⑰34
❸34	❽24	⑬42	⑱32
❹37	❾27	⑭43	⑲33
❺35	❿25	⑮41	⑳31

2
❶19	❻39	⑪30	⑯40
❷16	❼36	⑫27	⑰37
❸14	❽34	⑬25	⑱35
❹18	❾38	⑭29	⑲39
❺15	❿35	⑮26	⑳36

⑯ 2けたの かずの ひきざん(8) P.31・32

1
❶49	❻39	⑪61	⑯51
❷47	❼37	⑫59	⑰49
❸45	❽35	⑬57	⑱47
❹46	❾36	⑭58	⑲38
❺44	❿34	⑮56	⑳36

2
❶48	❻38	⑪29	⑯39
❷46	❼36	⑫27	⑰37
❸49	❽39	⑬30	⑱40
❹47	❾37	⑭28	⑲38
❺45	❿35	⑮26	⑳36

⑰ 2けたの かずの ひきざん(9) P.33・34

1
❶39	❻49	⑪50	⑯60
❷36	❼46	⑫47	⑰57
❸33	❽33	⑬44	⑱44
❹35	❾35	⑭46	⑲46
❺34	❿34	⑮45	⑳45

2
❶39	❻49	⑪52	⑯62
❷37	❼47	⑫45	⑰55
❸35	❽35	⑬48	⑱48
❹33	❾33	⑭46	⑲46
❺32	❿32	⑮47	⑳47

⑱ 2けたの かずの ひきざん(10) P.35・36

1
❶30	❻40	⓫37	⓰47
❷29	❼39	⓬35	⓱45
❸18	❽28	⓭24	⓲34
❹16	❾26	⓮28	⓳38
❺14	❿24	⓯26	⓴36

2
❶18	❻30	⓫34	⓰50
❷16	❼28	⓬32	⓱48
❸14	❽26	⓭30	⓲36
❹17	❾24	⓮28	⓳39
❺15	❿25	⓯26	⓴37

⑲ 2けたの かずの ひきざん(11) P.37・38

1
❶30	❻27	⓫37	⓰29
❷25	❼25	⓬29	⓱27
❸28	❽24	⓭31	⓲18
❹14	❾14	⓮25	⓳10
❺16	❿4	⓯17	⓴0

2
❶52	❻49	⓫61	⓰18
❷40	❼36	⓬44	⓱15
❸36	❽27	⓭38	⓲22
❹37	❾15	⓮25	⓳7
❺39	❿4	⓯3	⓴3

⑳ 2けたの かずの ひきざん(12) P.39・40

1
❶30	❻20	⓫28	⓰36
❷25	❼22	⓬17	⓱25
❸17	❽18	⓭9	⓲21
❹15	❾16	⓮15	⓳15
❺10	❿9	⓯7	⓴7

2
❶41	❻42	⓫64	⓰62
❷35	❼40	⓬50	⓱59
❸30	❽28	⓭28	⓲37
❹19	❾27	⓮16	⓳9
❺7	❿6	⓯5	⓴2

㉑ 2けたの かずの ひきざん(13) P.41・42

1
❶30	❻51	⓫49	⓰13
❷28	❼40	⓬27	⓱59
❸27	❽29	⓭55	⓲26
❹15	❾18	⓮20	⓳18
❺3	❿7	⓯9	⓴7

2
❶47	❻53	⓫21	⓰39
❷49	❼48	⓬15	⓱17
❸27	❽17	⓭8	⓲70
❹26	❾29	⓮58	⓳44
❺5	❿39	⓯40	⓴33

㉒ 2けたの かずの ひきざん(14) P.43・44

1
❶26	❻34	⓫52	⓰38
❷27	❼26	⓬49	⓱27
❸17	❽15	⓭43	⓲28
❹20	❾18	⓮23	⓳31
❺7	❿9	⓯24	⓴10

2
❶41	❻61	⓫31	⓰43
❷34	❼71	⓬30	⓱31
❸31	❽49	⓭8	⓲13
❹26	❾50	⓮6	⓳14
❺3	❿37	⓯2	⓴1

㉓ 2けたの かずの ひきざん(15) P.45・46

1
①27 ⑥34 ⑪10 ⑯15
②29 ⑦25 ⑫28 ⑰65
③36 ⑧16 ⑬15 ⑱29
④47 ⑨48 ⑭21 ⑲8
⑤37 ⑩22 ⑮8 ⑳3

2
①60 ⑤5 ⑨57 ⑬69
②38 ⑥33 ⑩22 ⑭36
③46 ⑦18 ⑪33 ⑮53
④56 ⑧28 ⑫43 ⑯7
⑰20 ⑲42
⑱22 ⑳9

> **アドバイス** 2けたの かずの ひきざんは できるように なりましたね。じしんを もって つぎに すすみましょう。

㉔ 3けたの かずの ひきざん(1) P.47・48

1
①140 ⑥150 ⑪160 ⑯170
②120 ⑦130 ⑫140 ⑰150
③100 ⑧110 ⑬120 ⑱130
④130 ⑨140 ⑭150 ⑲160
⑤110 ⑩120 ⑮130 ⑳140

2
①122 ⑥154 ⑪120 ⑯124
②110 ⑦152 ⑫112 ⑰132
③113 ⑧150 ⑬121 ⑱118
④124 ⑨148 ⑭119 ⑲109
⑤104 ⑩146 ⑮117 ⑳126

> **アドバイス** 3けたの かずから 2けたの かずを ひいて こたえが 3けたに なる ひきざんは できましたか。まちがえた もんだいは もう 一ど よく 見なおして みましょう。

㉕ 3けたの かずの ひきざん(2) P.49・50

1
①112 ⑥122 ⑪132 ⑯126
②110 ⑦120 ⑫121 ⑰138
③109 ⑧129 ⑬120 ⑱117
④115 ⑨118 ⑭127 ⑲109
⑤117 ⑩114 ⑮115 ⑳105

2
①144 ⑥110 ⑪140 ⑯127
②123 ⑦129 ⑫138 ⑰116
③100 ⑧118 ⑬147 ⑱105
④107 ⑨107 ⑭119 ⑲113
⑤118 ⑩128 ⑮136 ⑳104

㉖ 3けたの かずの ひきざん(3) P.51・52

1
①120 ⑥80 ⑪90 ⑯130
②110 ⑦60 ⑫70 ⑰120
③100 ⑧50 ⑬60 ⑱110
④90 ⑨40 ⑭50 ⑲100
⑤70 ⑩20 ⑮30 ⑳80

2
①90 ⑥80 ⑪90 ⑯80
②70 ⑦60 ⑫90 ⑰80
③50 ⑧40 ⑬80 ⑱90
④60 ⑨50 ⑭70 ⑲90
⑤30 ⑩20 ⑮60 ⑳90

> **アドバイス** 3けたの かずから 2けたの かずを ひく ひきざんは, すらすらと できましたか。もし, むずかしいなと おもうようでしたら,「2けたの かずの ひきざん」に もどって よく おさらいを しましょう。

27 3けたの　かずの　ひきざん(4) P.53・54

1

①118	⑥126	⑪84	⑯92
②78	⑦105	⑫74	⑰82
③58	⑧85	⑬54	⑱62
④48	⑨64	⑭44	⑲52
⑤38	⑩44	⑮34	⑳42

2

①128	⑥83	⑪87	⑯72
②126	⑦93	⑫57	⑰42
③127	⑧63	⑬76	⑱63
④129	⑨73	⑭66	⑲53
⑤125	⑩53	⑮46	⑳33

28 3けたの　かずの　ひきざん(5) P.55・56

1

①87	⑥83	⑪121	⑯134
②75	⑦61	⑫120	⑰114
③66	⑧52	⑬119	⑱94
④44	⑨70	⑭118	⑲84
⑤38	⑩94	⑮117	⑳74

2

①111	⑥93	⑪70	⑯84
②101	⑦77	⑫104	⑰63
③71	⑧55	⑬108	⑱94
④81	⑨83	⑭74	⑲83
⑤91	⑩61	⑮74	⑳86

29 3けたの　かずの　ひきざん(6) P.57・58

1

①89	⑥116	⑪89	⑯58
②79	⑦106	⑫79	⑰49
③69	⑧96	⑬69	⑱48
④59	⑨86	⑭68	⑲39
⑤49	⑩66	⑮59	⑳38

2

①77	⑥90	⑪80	⑯79
②67	⑦89	⑫79	⑰78
③55	⑧88	⑬78	⑱77
④54	⑨85	⑭77	⑲76
⑤52	⑩83	⑮75	⑳74

アドバイス

1 ①

$$\begin{array}{r} 145 \\ -\ \ 56 \\ \hline 89 \end{array}$$

① 一（いち）のくらい
5から　6は　ひけません。
そこで，十（じゅう）のくらいの　4から　1
くり下（さ）げます。
15−6=9

② 十（じゅう）のくらい
4は　3に　なって　います。
13−5=8

30 3けたの　かずの　ひきざん(7) P.59・60

1

①72	⑥86	⑪79	⑯77
②70	⑦76	⑫69	⑰57
③69	⑧66	⑬49	⑱68
④59	⑨56	⑭89	⑲78
⑤39	⑩46	⑮99	⑳68

2

①91	⑥91	⑪79	⑯77
②80	⑦86	⑫77	⑰88
③76	⑧63	⑬70	⑱48
④88	⑨84	⑭87	⑲57
⑤98	⑩96	⑮96	⑳36

アドバイス　3けたの　かずから　2けたの　かずを　ひく　ひきざんは　なれて　きましたか。くり下（さ）がりに　気（き）を　つけて　けいさんしましょう。まちがえた　もんだいは，もう　一（いち）ど　よく　見（み）なおして　みましょう。

㉛ 3けたの かずの ひきざん(8) P.61・62

1
❶90	❻85	⓫65	⓰88
❷60	❼42	⓬72	⓱108
❸100	❽113	⓭70	⓲98
❹90	❾80	⓮109	⓳67
❺30	❿98	⓯99	⓴97

2
❶80	❺80	❾92	⓭67
❷120	❻89	❿89	⓮108
❸70	❼75	⓫88	⓯68
❹70	❽105	⓬97	⓰49
⓱121	⓳81		
⓲64	⓴109		

> **アドバイス** よこがきの けいさんが むずかしいようでしたら，たてがきに なおして ひっさんで けいさんしても かまいません。

㉜ 3けたの かずの ひきざん(9) P.63・64

1
❶89	❻88	⓫87	⓰86
❷79	❼78	⓬77	⓱76
❸69	❽68	⓭67	⓲66
❹59	❾58	⓮57	⓳56
❺49	❿48	⓯47	⓴46

2
❶87	❻84	⓫89	⓰87
❷77	❼74	⓬79	⓱77
❸67	❽64	⓭69	⓲67
❹57	❾54	⓮59	⓳57
❺47	❿44	⓯49	⓴47

㉝ 3けたの かずの ひきざん(10) P.65・66

1
❶87	❻97	⓫85	⓰75
❷76	❼86	⓬67	⓱96
❸55	❽65	⓭78	⓲77
❹33	❾43	⓮69	⓳76
❺8	❿18	⓯94	⓴91

2
❶94	❺95	❾88	⓭95
❷82	❻83	❿78	⓮85
❸65	❼66	⓫59	⓯84
❹38	❽39	⓬27	⓰52
⓱98	⓳73		
⓲65	⓴63		

㉞ 3けたの かずの ひきざん(11) P.67・68

1
❶56	❻74	⓫99	⓰102
❷46	❼84	⓬79	⓱72
❸56	❽94	⓭113	⓲107
❹27	❾95	⓮98	⓳77
❺57	❿105	⓯68	⓴57

2
❶78	❺98	❾87	⓭72
❷74	❻97	❿79	⓮64
❸75	❼88	⓫75	⓯111
❹92	❽68	⓬108	⓰97
⓱106	⓳95		
⓲97	⓴69		

> **アドバイス** 3けたの かずの ひきざんは できるように なりましたね。じしんを もって つぎに すすみましょう。

35 3けたの　かずの　ひきざん(12)　P.69・70

1

①240	⑥340	⑪210	⑯310
②230	⑦330	⑫200	⑰300
③220	⑧320	⑬190	⑱290
④210	⑨310	⑭180	⑲280
⑤200	⑩300	⑮170	⑳270

2

①410	⑥510	⑪390	⑯490
②400	⑦500	⑫370	⑰470
③390	⑧490	⑬360	⑱450
④380	⑨480	⑭350	⑲460
⑤370	⑩470	⑮330	⑳430

36 3けたの　かずの　ひきざん(13)　P.71・72

1

①260	⑥194	⑪225	⑯182
②257	⑦174	⑫227	⑰152
③245	⑧153	⑬223	⑱172
④246	⑨133	⑭216	⑲161
⑤234	⑩121	⑮212	⑳131

2

①184	⑥283	⑪284	⑯386
②174	⑦273	⑫243	⑰354
③164	⑧263	⑬235	⑱363
④154	⑨253	⑭262	⑲342
⑤144	⑩243	⑮271	⑳397

37 3けたの　かずの　ひきざん(14)　P.73・74

1

①300	⑥238	⑪352	⑯368
②400	⑦128	⑫332	⑰366
③430	⑧233	⑬331	⑱364
④430	⑨230	⑭311	⑲264
⑤320	⑩200	⑮211	⑳164

2

①323	⑥163	⑪420	⑯635
②114	⑦162	⑫321	⑰412
③305	⑧141	⑬212	⑱221
④36	⑨71	⑭14	⑲24
⑤6	⑩30	⑮23	⑳56

38 大きな　かずの　ひきざん(2)　P.75・76

1

①3	⑭4
②5	⑮6
③8	⑯13
④11	⑰18
⑤15	⑱8
⑥18	⑲5
⑦3	⑳15
⑧5	㉑15
⑨7	㉒19
⑩17	㉓29
⑪18	㉔26
⑫28	㉕36
⑬25	

2

①6	⑭17
②14	⑮35
③46	⑯42
④7	⑰7
⑤26	⑱11
⑥43	⑲35
⑦58	⑳13
⑧5	㉑26
⑨26	㉒6
⑩54	㉓17
⑪7	㉔4
⑫12	㉕8
⑬39	

39 大きな　かずの　ひきざん(3)　P.77・78

1

①60	⑭50
②70	⑮60
③80	⑯90
④90	⑰50
⑤60	⑱70
⑥70	⑲90
⑦80	⑳50
⑧90	㉑70
⑨50	㉒30
⑩60	㉓50
⑪70	㉔30
⑫80	㉕50
⑬90	

2

①90	⑭80
②90	⑮30
③90	⑯90
④70	⑰50
⑤50	⑱80
⑥80	⑲50
⑦60	⑳70
⑧90	㉑70
⑨90	㉒80
⑩80	㉓60
⑪30	㉔60
⑫70	㉕80
⑬90	

アドバイス　大きな　かずの　ひきざんは，正しく　できましたか。まちがえた　もんだいは，もう　一ど　よく　見なおして　みましょう。

㊵ 大きな　かずの　ひきざん(4) P.79・80

1 ①20 ②40 ③70 ④10 ⑤50 ⑥80 ⑦30 ⑧40 ⑨70 ⑩70 ⑪80 ⑫20 ⑬60 ⑭60 ⑮30 ⑯50 ⑰20 ⑱50 ⑲40 ⑳50 ㉑70 ㉒60 ㉓90 ㉔60 ㉕30

2 ①100 ②300 ③500 ④100 ⑤200 ⑥400 ⑦100 ⑧300 ⑨500 ⑩200 ⑪300 ⑫600 ⑬200 ⑭300 ⑮500 ⑯500 ⑰500 ⑱800 ⑲800 ⑳700 ㉑700 ㉒400 ㉓400 ㉔900 ㉕900

㊶ 大きな　かずの　ひきざん(5) P.81・82

1 ①3 ②5 ③7 ④1 ⑤4 ⑥8 ⑦2 ⑧5 ⑨3 ⑩7 ⑪4 ⑫4 ⑬4 ⑭8 ⑮8 ⑯8 ⑰1 ⑱1 ⑲6 ⑳6 ㉑7 ㉒7 ㉓5 ㉔5 ㉕3

2 ①100 ②200 ③300 ④500 ⑤100 ⑥300 ⑦500 ⑧700 ⑨100 ⑩300 ⑪500 ⑫600 ⑬700 ⑭100 ⑮200 ⑯400 ⑰200 ⑱400 ⑲500 ⑳100 ㉑300 ㉒200 ㉓100 ㉔200 ㉕100

㊷ 大きな　かずの　ひきざん(6) P.83・84

1 ①600 ②700 ③800 ④900 ⑤600 ⑥700 ⑦800 ⑧900 ⑨500 ⑩600 ⑪700 ⑫800 ⑬900 ⑭600 ⑮700 ⑯900 ⑰800 ⑱600 ⑲900 ⑳500 ㉑700 ㉒500 ㉓700 ㉔300 ㉕300

2 ①200 ②400 ③6 ④5 ⑤20 ⑥40 ⑦600 ⑧800 ⑨100 ⑩400 ⑪300 ⑫20 ⑬100 ⑭2 ⑮6 ⑯400 ⑰60 ⑱30 ⑲700 ⑳900 ㉑1 ㉒500 ㉓600 ㉔600 ㉕800

㊸ 大きな　かずの　ひきざん(7) P.85・86

1 ①200 ②500 ③400 ④700 ⑤600 ⑥600 ⑦300 ⑧300 ⑨500 ⑩500 ⑪100 ⑫100

2 ①1000 ②3000 ③1000 ④4000 ⑤5000 ⑥7000 ⑦7000 ⑧6000 ⑨8000 ⑩4000 ⑪2000 ⑫3000 ⑬9000

44 大きな かずの ひきざん(8) P.87・88

1
1. 1000
2. 2000
3. 3000
4. 5000
5. 4000
6. 1000
7. 2000
8. 3000
9. 3000
10. 4000
11. 5000
12. 6000

2
1. 400
2. 700
3. 5000
4. 8000
5. 1000
6. 3000
7. 2000
8. 600
9. 5000
10. 7000
11. 500
12. 5000
13. 8000

45 3つの かずの けいさん P.89・90

1
1. 58
2. 58
3. 8
4. 8
5. 10
6. 10
7. 20
8. 20
9. 3
10. 3

2
1. 74
2. 6
3. 10
4. 9
5. 20
6. 10
7. 33
8. 50
9. 40
10. 30

3
1. 25
2. 25
3. 5
4. 5
5. 13
6. 13
7. 28
8. 28
9. 57
10. 57
11. 12
12. 12
13. 13
14. 13
15. 40
16. 40

4
1. 45
2. 3
3. 12
4. 11
5. 20
6. 33

アドバイス （ ）を つかって, ひく かずを まとめて けいさんしたり, た しやすい もの, ひきやすい ものを 先に けいさんしたり することで, け いさんは ずいぶん かんたんに なり ますね。

46 しんだんテスト P.91・92

1
1. 28
2. 41
3. 17
4. 16
5. 38
6. 7
7. 39
8. 36
9. 33
10. 19
11. 37
12. 36
13. 41
14. 19
15. 8
16. 54
17. 55
18. 70
19. 9
20. 4

2
1. 113
2. 125
3. 53
4. 57
5. 75
6. 20
7. 94
8. 84
9. 95
10. 66
11. 36
12. 88
13. 6
14. 120
15. 105
16. 124

3
1. 20
2. 24
3. 40
4. 50

アドバイス

1で まちがえた 人は,「2けたの かずの ひきざん」から もう 一ど おさらいしましょう。

2で まちがえた 人は,「3けたの かずの ひきざん」から もう 一ど おさらいしましょう。

3で まちがえた 人は,「3つの かずの けいさん」を もう 一ど お さらいしましょう。